U0274043

# CAXA 电子图板 2016 项目实训教程

主　编　张冉佳　刘静凯　刘黎阳

副主编　郭　畅　陈新宇

参　编　崔紫贺　李　真

北京希望电子出版社
Beijing Hope Electronic Press
www.bhp.com.cn

# 内 容 简 介

本书依据国家机械制图标准，通过讲解应用 CAXA 电子图板 2016 绘制轴套类、盘盖类、叉架类和箱体类四种典型机械零件的零件图、拼画铣刀头座的装配图和根据齿轮泵装配图拆画其泵体零件图的具体过程，学习 CAXA 电子图板 2016 基本绘图、修改等命令的使用，加深对零件图和装配图知识的理解与掌握，强化标准意识，培养严谨的工作作风。

本书的主要特色是将命令的讲解贯穿于实际案例图形的绘制过程中，使学生更容易掌握命令的应用和绘图技巧。

本书适合作为应用型本科院校、职业学校、技工院校的教学用书，以及 CAXA 电子图板软件用户的参考用书。

## 图书在版编目（ＣＩＰ）数据

CAXA 电子图板 2016 项目实训教程 / 张冉佳, 刘静凯, 刘黎阳主编. -- 北京:北京希望电子出版社, 2021.10
ISBN 978-7-83002-825-1

Ⅰ．①C⋯　Ⅱ．①张⋯　②刘⋯　③刘⋯　Ⅲ．①自动绘图－软件包－教材　Ⅳ．①TP391.72

中国版本图书馆 CIP 数据核字(2021)第 205857 号

| | |
|---|---|
| 出版：北京希望电子出版社 | 封面：汉字风 |
| 地址：北京市海淀区中关村大街 22 号 | 编辑：全 卫 |
| 中科大厦 A 座 10 层 | 校对：龙景楠 |
| 邮编：100190 | 开本：787mm×1092mm　1/16 |
| 网址：www.bhp.com.cn | 印张：11.25 |
| 电话：010-82626227 | 字数：260 千字 |
| 传真：010-62543892 | 印刷：北京建宏印刷有限公司 |
| 经销：各地新华书店 | 版次：2023 年 1 月 1 版 3 次印刷 |

定价：39.00 元

# 前　言

CAXA电子图板是由北京数码大方科技股份有限公司自主开发的开放二维CAD平台，易学易用，稳定高效，性能优越，兼容AutoCAD，是国内普及率很高的CAD软件之一，广泛应用于汽车、电子电器、航空航天、教育等领域。CAXA电子图板依据机械设计的国家标准，提供专业绘图工具盒辅助设计工具，熟练使用该绘图软件是应用型本科院校、职业学校、技工院校学生必须掌握的基本技能。

本书基于CAXA初学者水平，结合机械制图原理以及CAXA绘图的国家标准，主要介绍使用CAXA电子图板2016进行机械绘图的方法与技巧，突出了为工程实际培养应用型人才的教学特点，增强了内容的针对性及实用性。

本书共7章，以CAXA电子图板2016为载体进行介绍。其中第1章主要讲解CAXA电子图板2016基本设置命令的使用。第2～5章严格按照机械制图相关现行国家标准，讲解应用CAXA电子图板2016绘制四类典型机械零件—轴套类、盘盖类、叉架类、箱体类的过程，在实际案例绘制过程中学习CAXA电子图板2016基本绘图、修改等命令的使用及其相关绘图技巧，并提示读者在绘图过程中需要注意的问题。第6章借助实例介绍根据零件图拼画装配图的具体方法。第7章通过实例讲解由装配图拆画零件图的过程及具体方法。

本书由北京市自动化工程学校张冉佳、沈阳理工大学刘静凯、刘黎阳担任主编，北京金隅科技学校郭畅、陈新宇担任副主编，北京市供销学校崔紫贺、北京市自动化工程学校李真参与编写。全书由张冉佳统稿，其中，陈新宇、崔紫贺、李真共同编写第1、7章，张冉佳、郭畅编写第2章，刘静凯编写第3、4章，刘黎阳编写第5、6章。

由于编者水平有限，书中不足之处在所难免，欢迎任课教师和广大读者批评指正，提出宝贵意见和建议，以便日后修订。

编　者
2021年10月

# 目录

## 第1章 CAXA 电子图板的样板文件

## 第2章 轴套类零件

# 第3章 盘盖类零件

# 第4章 叉架类零件

## 第5章  箱体类零件

## 第6章  装配图

# 第7章　拆画泵体零件图

# 第1章 CAXA电子图板的样板文件

CAXA电子图板是由北京数码大方科技股份有限公司（CAXA）开发的计算机辅助设计软件，广泛应用于机械、建筑、电子、航天、农业、船舶、土木、冶金及军事等领域，已经成为应用非常广泛的国产设计软件之一。

## 1.1 用户界面

在使用CAXA电子图板软件绘图前，用户首先要认识软件的界面，了解软件的基本功能，掌握软件的基本操作，熟悉软件的系统设置，为后续系统学习绘图做好充分的准备。CAXA电子图板作为一套国内自主开发的二维绘图软件，其功能丰富且在日益强大，逐渐完善。本书主要讲解CAXA电子图板软件的2016版本，用户首先要熟悉绘图界面，然后根据工作需要选择相应的界面进行绘图。CAXA电子图板的界面有面板式和菜单式两种，用户可以按F9键进行界面切换。本书使用的面板式界面为默认的绘图界面。

### 1.1.1 面板式界面

面板式界面包含"标题栏""绘图区""功能区""菜单按钮""快速启动工具栏"等内容，如图1-1所示。简洁、紧凑的界面使各种命令排列简洁有序、一目了然，便于查找。

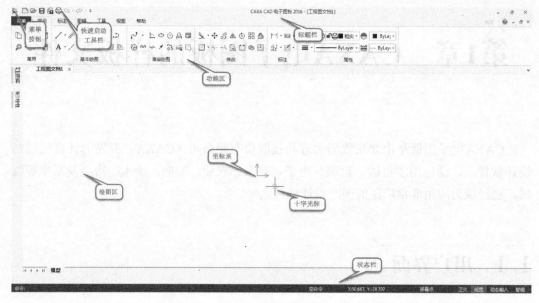

图 1-1　面板式界面

## 1.1.2　菜单式界面

菜单式界面主要通过"主菜单"和"工具栏"访问常用命令，如图1-2所示。这种界面的绘图命令更加直观，老用户习惯使用菜单式界面。

图 1-2　菜单式界面

### 1.1.3　练习

（1）启动CAXA电子图板2016软件。
（2）练习不同绘图界面的切换。
（3）熟悉CAXA电子图板2016的面板式界面和菜单式界面。

# 1.2　图层的设置

　　用户在使用CAXA电子图板2016软件绘图时，图形对象处于某个图层上。默认情况下，当前层是0层，若没有切换图层，则绘制的所有图形均处于0层。在绘制机械图样时，需要用不同的线型和线宽来表达。每个图层都有与其相关联的颜色、线宽、线型等属性信息，用户可以对这些信息进行设定或修改，把具有相同特征的图形对象放在同一图层上绘制，即图层设置。

　　单击"常用"选项卡→"属性"面板→"图层"按钮，系统弹出"层设置"对话框，如图1-3所示。为了方便用户，CAXA电子图板2016软件预设了8个图层，分别是："0层""中心线层""剖面线层""尺寸线层""粗实线层""细实线层""虚线层""隐藏层"，每个图层按其名称设置了相应的颜色和线型。在工程制图中，大部分绘图任务使用这8个图层即可完成。如有特殊要求，用户可自行建立图层。

图 1-3　"层设置"对话框

### 1.2.1　新建图层

单击"层设置"对话框中的"新建"按钮,弹出提示对话框,单击"是",系统弹出"新建风格"对话框,如图1-4所示。单击"下一步",在图层列表的最后可以看到新建的图层。

图 1-4　"新建风格"对话框

### 1.2.2　编辑图层

在"层设置"对话框中,用户单击需要编辑的图层,并单击所选图层需要编辑的"颜色",系统弹出"颜色选取"对话框,如图1-5所示;单击所选图层需要编辑的"线型",系统弹出"线型"对话框,如图1-6所示;单击所选图层需要编辑的"线宽",系统弹出"线宽设置"对话框,如图1-7所示,选择相应的"颜色""线型""线宽"即可。

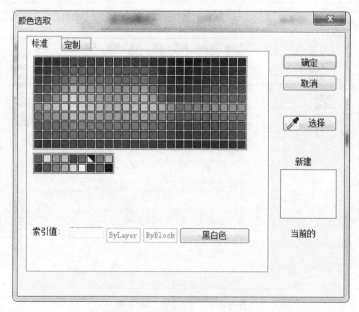

图 1-5　"颜色选取"对话框

图 1-6 "线型"对话框

图 1-7 "线宽设置"对话框

## 1.2.3 删除图层

选择"层设置"对话框中要删除的图层，单击"删除"按钮，弹出提示对话框，单击"是"按钮即可删除图层。在删除图层时：软件预设的8个图层不可删除；图层设置为当前层时不可删除；图层上有图形被使用时不可删除。

## 1.2.4 设置当前图层

选择"层设置"对话框中要设置的图层，单击"设为当前"按钮，此时该图层"当前"选项出现 ✓ 图标。用户也可单击"常用"选项卡→"属性"面板，在图层设置下拉列表中单击所需的图层，即可完成设置操作，如图1-8所示。

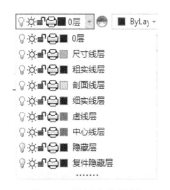

图 1-8 设置当前图层

## 1.2.5 练习

（1）新建一个图层，图层名称为"粗实线图层CS"。

（2）编辑图层，颜色为"暗紫"，线型为"实线"，线宽为"0.35 mm"。

（3）将新建的图层设置为当前图层。

（4）删除新建的图层。

# 1.3 图幅设置

国家标准对机械制图的图纸大小作了统一规定，有A0、A1、A2、A3、A4共5种规格。在绘制工程图时，首先要确定图纸以及图纸的图幅和图框。CAXA电子图板2016软件预设了国家标准规定的上述5种标准图幅以及相应的图框、标题栏、明细栏，用户可以直接调用。另外，用户也可以自定义图幅和图框，并保存成模板文件进行调用。

## 1.3.1 图纸幅面

单击"图幅"选项卡→"图幅面板"→"图幅设置"按钮⊡，或下拉"菜单"→"幅面"→"图幅设置"，系统弹出"图幅设置"对话框，如图1-9所示。在"图幅设置"对话框中，用户可以设置图纸幅面、图纸比例和图纸方向，还可以选择是否调入图框和标题栏。用户在"图纸幅面"的下拉列表可以选择5种不同标准的图纸幅面，也可以根据需要自定义图纸幅面，输入相应的"宽度"和"高度"即可。

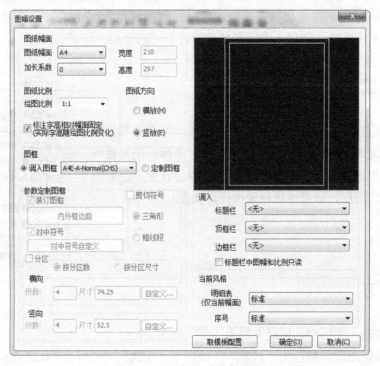

图1-9 "图幅设置"对话框

## 1.3.2　图框

CAXA电子图板2016软件的图框可以进行调入、定义、存储、填写和编辑操作。图框尺寸随着图纸幅面的大小变化作出相应的比例调整，比例变化的原点为标题栏的插入点。一般来说，插入点位于标题栏的右下角。

### 1. 调入图框

单击"图幅"选项卡→"图框"面板→"调入图框"按钮□，或下拉"菜单"→"幅面"→"图框"→"调入图框"，系统弹出"读入图框文件"对话框，选择需要调入的图框，单击"导入"按钮即可，如图1-10所示。用户也可以在"图幅设置"对话框直接调入图框。

图1-10　"读入图框文件"对话框

### 2. 定义图框

单击"图幅"选项卡→"图框"面板→"定义图框"按钮☑，或下拉"菜单"→"幅面"→"图框"→"定义图框"，根据命令提示选择需要定义的图形和基准点，保存即可。

★引导实例1-1，将图1-11所示的矩形定义为图框，名称为"图框1"。

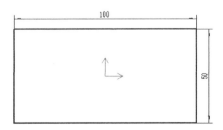

图1-11　"引导实例1-1"图例

**操作步骤**

● 单击"图幅"选项卡→"图框"面板→"定义图框"按钮 ◪，或下拉"菜单"→"幅面"→"图框"→"定义图框"。

● 命令行提示：拾取元素，单击图1-11所示的矩形，按Enter键。

● 命令行提示：基准点，单击矩形的右下角点，系统弹出"选择图框文件的幅面"对话框，如图1-12所示。

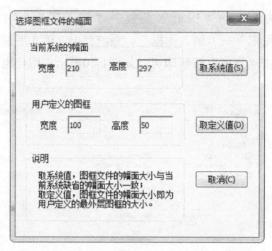

图 1-12　"选择图框文件的幅面"对话框

● 单击"选择图框文件的幅面"对话框中的"取定义值"按钮，系统弹出"另存为"对话框，输入名称"图框1"，单击"保存"按钮即可，如图1-13所示。

图 1-13　"另存为"对话框

## 1.3.3 标题栏

CAXA电子图板2016软件的标题栏可以进行调入、定义、存储、填写和编辑操作。系统预设了多种格式规范的标题栏，用户也可以根据需要自定义标题栏，并以文件的形式存储标题栏。

★引导实例1-2 调入图1-14所示的标题栏，并按图示填写相应内容

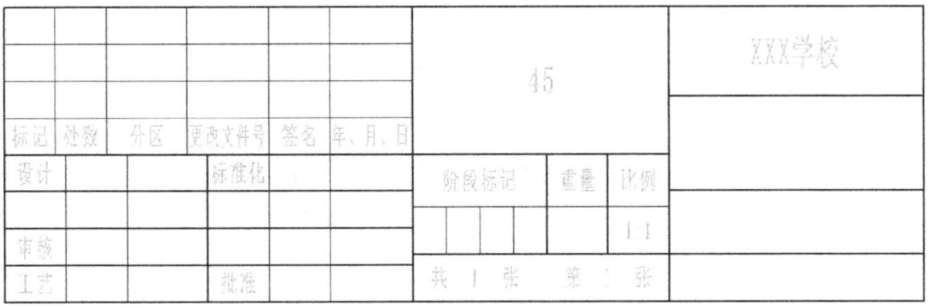

图1-14　"引导实例1-2"图例

**操作步骤**

● 单击"图幅"选项卡→"标题栏"面板→"调入标题栏"按钮，或下拉"菜单"→"标题栏"→"调入标题栏"，系统弹出"读入标题栏文件"对话框，如图1-15所示。

图1-15　"读入标题栏文件"对话框

- 选择"GB-A（CHS）"，单击"导入"按钮，结果如图1-16所示。

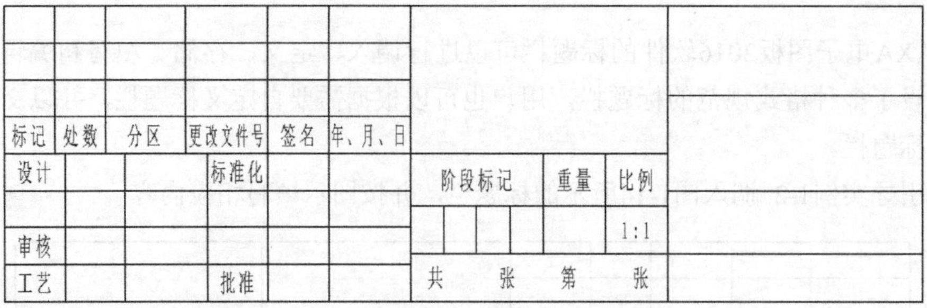

| | | | | | | | | | | |
|---|---|---|---|---|---|---|---|---|---|---|
| | | | | | | | | | | |
| 标记 | 处数 | 分区 | 更改文件号 | 签名 | 年、月、日 | | | | | |
| 设计 | | | 标准化 | | | 阶段标记 | | 重量 | 比例 | |
| | | | | | | | | | 1:1 | |
| 审核 | | | | | | | | | | |
| 工艺 | | | 批准 | | | 共 | 张 | 第 | 张 | |

图 1-16 "GB-A（CHS）"标题栏

- 单击"图幅"选项卡→"标题栏"面板→"填写标题栏"按钮，或下拉"菜单"→"标题栏"→"填写标题栏"，系统弹出"填写标题栏"对话框，如图1-17所示。

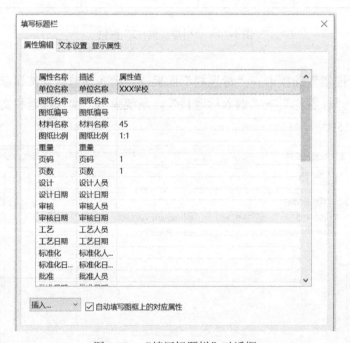

图 1-17 "填写标题栏"对话框

- 在"填写对话框"中输入相应的内容，单击"确定"按钮即可。

## 1.3.4 练习

（1）设置A3图纸幅面。

（2）调入"A3E-A-Normal（CHS）"图框。

（3）调入标题栏"School（CHS）"。

## 1.4　文件操作

CAXA电子图板2016软件为用户提供了功能齐全的文件管理系统。文件操作主要包括新建文件、打开文件、保存文件、并入文件、部分存储文件、打印文件等。基本图形文件操作主要包括创建新文件、打开已有图形文件、保存绘制图形文件。

### 1.4.1　新建文件

单击快速启动工具栏中"新建文档"按钮 ⬜，或下拉"菜单"→"文件"→"新建"，系统弹出"新建"对话框，如图1-18所示。选择需要的模板，单击"确定"按钮即可。

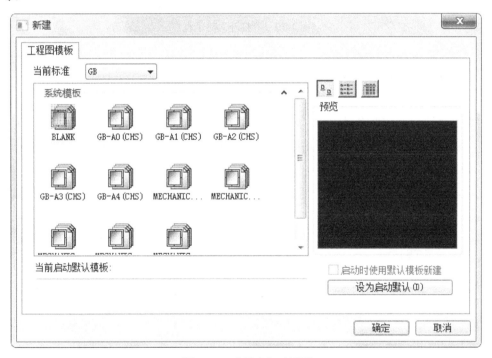

图 1-18　"新建"对话框

### 1.4.2　打开文件

单击快速启动工具栏中"打开文件"按钮 ⬛，或下拉"菜单"→"文件"→"打开"，系统弹出"打开"对话框，如图1-19所示。选择需要打开的图形文件，单击"打开"按钮即可。

图 1-19　"打开"对话框

### 1.4.3　保存文件

单击快速启动工具栏中"保存文档"按钮 🔲，或下拉"菜单"→"文件"→"保存"，系统弹出"另存文件"对话框，如图1-20所示。选择文件存储的位置，单击"保存"按钮即可。

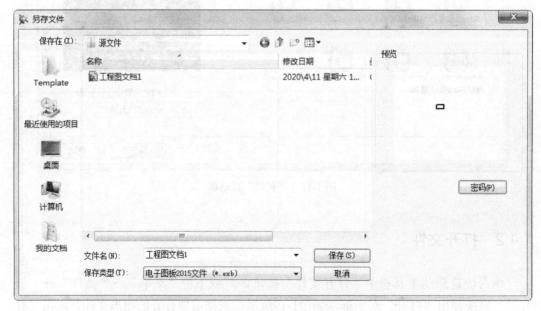

图 1-20　"另存文件"对话框

## 1.4.4　练习

（1）新建文件，模板为"GB-A3（CHS）"。

（2）保存文件至桌面，命名为"学校名称+自己姓名"。

# 1.5　工程制图常用命令的快捷键

用户在使用CAXA电子图板2016软件绘制工程图时，熟练使用命令快捷键可以大大提高绘图速度，表1-1归纳了工程制图中常用的命令快捷键。

表1-1　常用命令的快捷键

| 常用命令 | 说明 | 常用命令 | 说明 |
|---|---|---|---|
| L | 直线 | C | 圆 |
| A | 圆弧 | T | 文字 |
| XL | 构造线 | B | 块定义 |
| E | 删除 | I | 块插入 |
| H | 剖面线 | CO | 平移复制 |
| TR | 裁剪 | MI | 镜像 |
| EX | 延伸 | O | 等距线 |
| PO | 点 | F | 过渡：圆角 |
| S | 拉伸 | D | 尺寸标注 |
| DDI | 直径标注 | DLI | 线性标注 |
| DAN | 角度标注 | DRA | 半径标注 |
| M | 平移 | SC | 缩放 |
| MA | 特性匹配 | AL | 对齐 |

# 第2章 轴套类零件

轴套类零件结构的主体部分大多是同轴回转体，它们一般起支承转动零件、传递动力的作用，因此常带有键槽、轴肩、螺纹及退刀槽或砂轮越程槽等结构。

**1. 视图选择**

（1）主视图：轴套类零件主体结构大多是回转体，一般在车床上加工，按加工位置将轴线放成水平，将其上的键槽、孔等结构朝前或朝上。

（2）其他视图：采用剖视、断面、局部放大等方法对轴上的结构（如键槽、退刀槽、越程槽、中心孔）进行表达。

**2. 尺寸标注**

（1）基准选择：回转轴线作为径向基准，长度方向以重要端面为主要基准。

（2）尺寸标注：重要的设计尺寸应直接注出，其余尺寸按加工顺序注出。

**3. 技术要求**

（1）表面粗糙度的选择：有配合要求的表面，其表面粗糙度参数值要小；无配合要求的要大。

（2）尺寸公差的选择：有配合要求的轴颈尺寸公差等级较高，无配合要求的轴颈尺寸公差等级较低。对于轴向尺寸，只有重要的设计尺寸才给出相应的公差值。

（3）形位公差的选择：有配合的轴颈和重要的端面应有形位公差要求。

绘制如图2-1所示的轴。

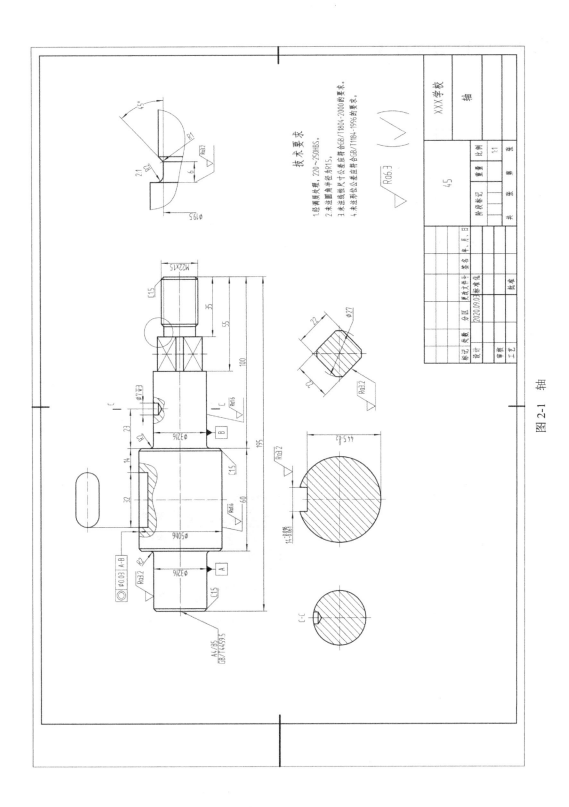

图 2-1 轴

# 2.1 设置绘图环境

## 2.1.1 创建文件

双击桌面上的CAXA电子图板2016图标 ，启动软件，选择"BLANK"模板，当前标准选择"GB"，创建一个新文件。

## 2.1.2 保存文件

单击快速启动工具栏中"保存文档"按钮 ，保存图形文件并命名为"轴"。

## 2.1.3 图幅设置

单击"图幅"选项卡→"图幅设置"按钮 ，或下拉"菜单"→"幅面"→"图幅设置"，在"图纸幅面"的下拉列表选择"A3"图纸幅面，图纸方向选择"横放"，绘图比例为"1：1"，图框选择"A3A-E-Bound（CHS）"，设置完成后单击"确定"按钮，如图2-2所示。

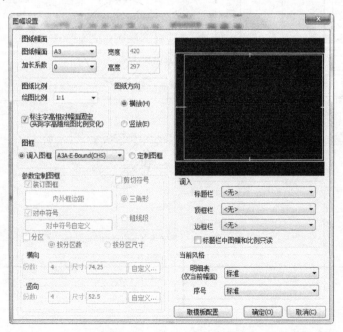

图 2-2 "轴"的图幅设置

## 2.1.4 标题栏

#### 1. 调入标题栏

单击"图幅"选项卡→"调入标题栏"按钮回或下拉"菜单"→"标题栏"→"调入标题栏",选择"GB-A(CHS)",单击"导入"按钮。

#### 2. 填写标题栏

单击"图幅"选项卡→"填写标题栏"按钮回,或下拉"菜单"→"标题栏"→"填写标题栏",按照图2-1所示的标题栏内容填写,填写完成后,单击"确定"按钮,如图2-3所示。

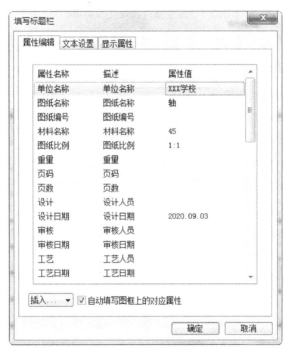

图 2-3 填写"轴"标题栏

# 2.2 绘制图形

## 2.2.1 绘制主视图

#### 1. 绘制轴的外轮廓

选择"粗实线层"为当前图层。

（1）孔/轴。

单击"常用"选项卡→"高级绘图"面板→"孔/轴"按钮■，或下拉"菜单"→"绘图"→"孔/轴"，系统弹出立即菜单栏，如图2-4所示。

1. 轴 ▼  2. 直接给出角度 ▼  3.中心线角度  0

图2-4  "孔/轴"立即菜单栏

命令行提示"插入点"，在绘图区域的合适位置单击一点，作为插入点。

设置立即菜单栏，绘制第一轴段，如图2-5所示。

1. 轴 ▼  2.起始直径  32  3.终止直径  32  4. 有中心线 ▼  5.中心线延伸长度  3

图2-5  设置第一轴段立即菜单栏

将光标移动到插入点右侧，命令行提示"轴上一点或轴的长度"，输入长度"35"，按Enter键，结果如图2-6所示。

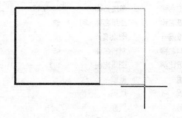

图2-6  绘制第一轴段

设置立即菜单栏，绘制第二轴段，如图2-7所示。

1. 轴 ▼  2.起始直径  50  3.终止直径  50  4. 有中心线 ▼  5.中心线延伸长度  3

图2-7  设置第二轴段立即菜单栏

将光标移动到插入点右侧，命令行提示"轴上一点或轴的长度"，输入长度"60"，按Enter键，结果如图2-8所示。

图2-8  绘制第二轴段

设置立即菜单栏，绘制第三轴段，如图2-9所示。

1. 轴 ▼  2.起始直径  32  3.终止直径  32  4. 有中心线 ▼  5.中心线延伸长度  3

图2-9  设置第三轴段立即菜单栏

将光标移动到插入点右侧，命令行提示"轴上一点或轴的长度"，输入长度"45"，按Enter键，结果如图2-10所示。

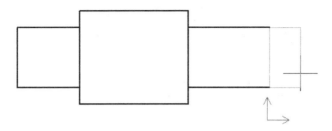

图 2-10　绘制第三轴段

设置立即菜单栏，绘制第四轴段，如图2-11所示。

图 2-11　设置第四轴段立即菜单栏

将光标移动到插入点右侧，命令行提示"轴上一点或轴的长度"，输入长度"20"，按Enter键，结果如图2-12所示。

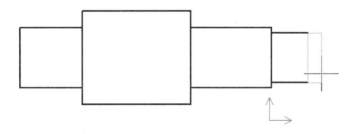

图 2-12　绘制第四轴段

设置立即菜单栏，绘制退刀槽，如图2-13所示。

图 2-13　设置退刀槽立即菜单栏

将光标移动到插入点右侧，命令行提示"轴上一点或轴的长度"，输入长度"6"，按Enter键，结果如图2-14所示。

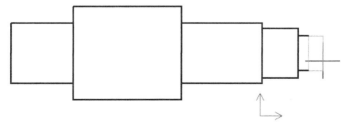

图 2-14　绘制退刀槽

设置立即菜单栏，绘制第五轴段，如图2-15所示。

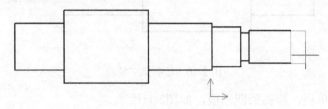

图 2-15　设置第五轴段立即菜单栏

将光标移动到插入点右侧，命令行提示"轴上一点或轴的长度"，输入长度"29"，按Enter键，结果如图2-16所示。

图 2-16　绘制第五轴段

再按一次Enter键，出现轴的中心线，结果如图2-17所示。

图 2-17　完成轴段绘制

（2）绘制倒角。

单击"常用"选项卡→"修改"面板→"过渡"按钮⬚右侧的下拉箭头·，系统弹出"过渡"命令的下拉菜单，如图2-18所示。用户也可以直接单击"过渡"按钮⬚，在立即菜单栏中选择，如图2-19所示。

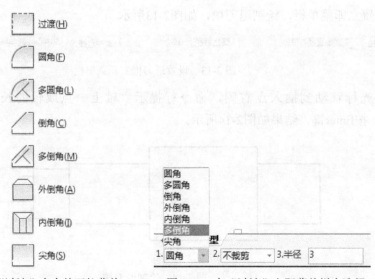

图 2-18　"过渡"命令的下拉菜单　　　图 2-19　在"过渡"立即菜单栏中选择

单击"外倒角"按钮□，或下拉"菜单"→"修改"→"过渡"→"外倒角"，系统弹出立即菜单栏，如图2-20所示。

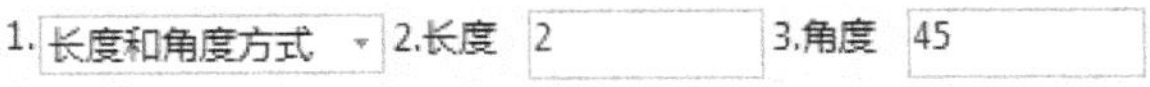

1.长度和角度方式 ▼ 2.长度 2 3.角度 45

图 2-20 "倒角"立即菜单栏

由图2-1可知，端面倒角距离为"1.5"，角度为"45°"。设置立即菜单栏，绘制端面倒角，如图2-21所示。

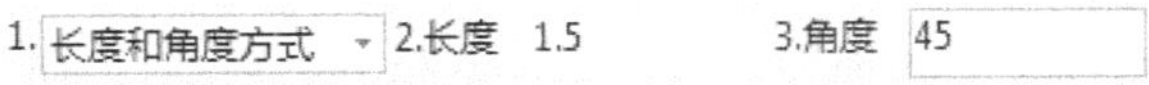

1.长度和角度方式 ▼ 2.长度 1.5 3.角度 45

图 2-21 设置"倒角"立即菜单栏

命令行提示"拾取第一条直线"，单击图2-22所示直线1；命令行提示"拾取第二条直线"，单击图2-22所示的直线2；命令行提示"拾取第三条直线"，单击图2-22所示的直线3，倒角绘制结果如图2-22所示。

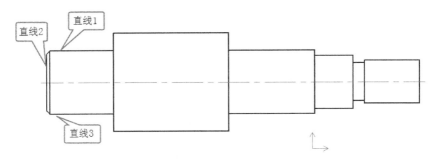

图 2-22 绘制倒角

重复操作步骤，完成倒角绘制，倒角绘制结果如图2-23所示。单击鼠标右键，退出倒角绘制。

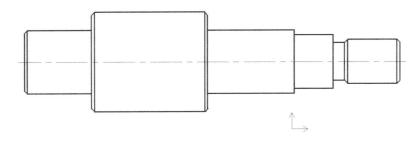

图 2-23 倒角后的图形

（3）绘制圆角。

单击"常用"选项卡→"修改"面板→"过渡"按钮□右侧的下拉箭头→"圆角"按钮□或下拉"菜单"→"修改"→"过渡"→"圆角"，系统弹出立即菜单栏，如图2-24所示。用户也可以直接单击"过渡"按钮□，在立即菜单栏中选择。

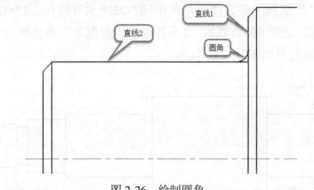

图 2-24　"圆角"立即菜单栏

由图2-1可知，圆角半径为"2"。设置立即菜单栏，选择"不裁剪"，半径输入"2"，如图2-25所示。

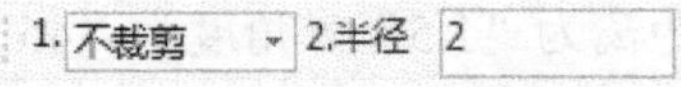

图 2-25　设置"圆角"立即菜单栏

命令行提示"拾取第一条曲线"，单击图2-26所示直线1；命令行提示"拾取第二条曲线"，单击图2-26所示的直线2；圆角绘制结果如图2-27所示。

图 2-26　绘制圆角

重复操作步骤，完成圆角绘制，圆角绘制结果如图2-27所示。单击鼠标右键，退出圆角操作。

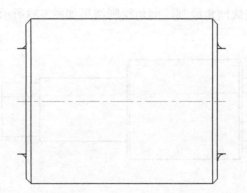

图 2-27　圆角后的图形

（4）裁剪。

单击"常用"选项卡→"修改"面板→"裁剪"按钮→或下拉"菜单"→"修改"→"裁剪"，系统弹出立即菜单栏，如图2-28所示。

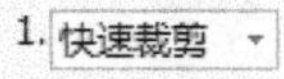

图 2-28　"裁剪"立即菜单栏

设置立即菜单栏，选择"拾取边界"，如图2-29所示。

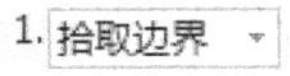

1. 拾取边界

图 2-29　设置"裁剪"立即菜单栏

命令行提示"拾取剪刀线"，单击图2-30（a）所示的圆角线，单击鼠标右键，命令行提示"拾取要裁剪的曲线"，单击图2-30（a）所示的多余图线；裁剪结果如图2-30（b）所示。用户也可以设置立即菜单栏，选择"快速裁剪"，直接单击多余图线，进行裁剪。

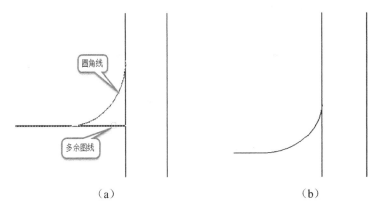

　　　　　　（a）　　　　　　　　　　　　　　　　（b）

图 2-30　裁剪多余图线

重复操作步骤，完成裁剪，裁剪结果如图2-31所示。单击鼠标右键，退出圆角操作。

图 2-31　裁剪后的图形

**2. 绘制键槽**

选择"粗实线层"为当前图层。

（1）等距线。

单击"常用"选项卡→"修改"面板→"等距线"按钮 ⏳或下拉"菜单"→"绘图"→"等距线"，系统弹出立即菜单栏，如图2-32所示。

| 1. 单个拾取 ▼ | 2. 指定距离 ▼ | 3. 单向 ▼ | 4. 空心 ▼ | 5.距离 5 | 6.份数 1 |
|---|---|---|---|---|---|

图 2-32  "等距线"立即菜单栏

设置立即菜单栏，距离输入"14"，如图2-33所示。

| 1. 单个拾取 ▼ | 2. 指定距离 ▼ | 3. 单向 ▼ | 4. 空心 ▼ | 5.距离 14 | 6.份数 1 |
|---|---|---|---|---|---|

图 2-33  设置"等距线"立即菜单栏

命令行提示"拾取曲线"，单击图2-34（a）所示的直线1，图形中出现左右方向的箭头；命令行提示"请拾取所需的方向"，单击直线1的左边；结果如图2-34（b）所示。

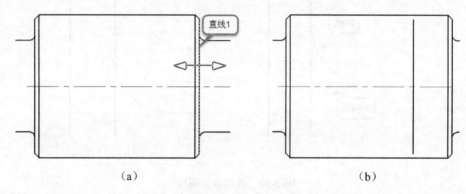

（a）　　　　　　　　　　　　　（b）

图 2-34  绘制等距线

根据图2-1的图形尺寸，重复等距线绘制步骤，确定键槽的位置及形状，距离在图中标出，结果如图2-35所示。

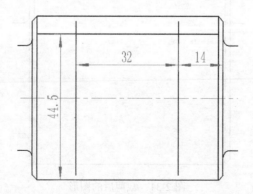

图 2-35  确定键槽位置及形状

（2）延伸。

单击"常用"选项卡→"修改"面板→"延伸"按钮 或下拉"菜单"→"修改"→"延伸"，系统弹出立即菜单栏。

设置立即菜单栏，选择系统默认的"延伸"，如图2-36所示。

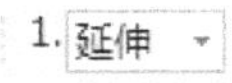

1. 延伸 ▾

图 2-36 "延伸"立即菜单栏

命令行提示"选择对象或（全部选择）"，单击图2-37（a）所示的直线1，单击右键；命令行提示"选择要延伸的对象，或按住Shift键选择要裁剪的对象"，依次单击图2-37（a）所示的直线2和直线3；结果如图2-37（b）所示；单击鼠标右键，退出延伸操作。当命令行提示"选择对象或（全部选择）"时，用户也可以不单击"直线1"，直接单击右键；命令行提示"选择要延伸的对象，或按住Shift键选择要裁剪的对象"，依次单击直线2和直线3即可，系统会自动将直线延伸到最近的边界。

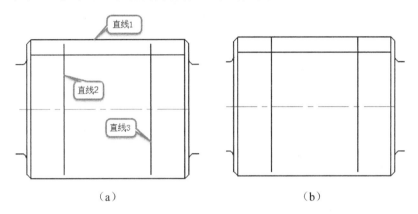

（a） （b）

图 2-37 延伸后的图形

应用"裁剪"命令 ┿，裁剪多余图线，结果如图2-38所示。

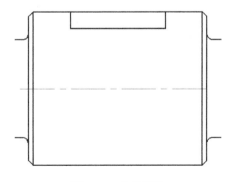

图 2-38 裁剪图线

### 3. 绘制轴上圆孔

选择"粗实线层"为当前图层。

（1）等距线。

根据图2-1的图形尺寸，应用"等距线"命令 ⟐，确定孔的位置，距离在图中标出，结果如图2-39所示。

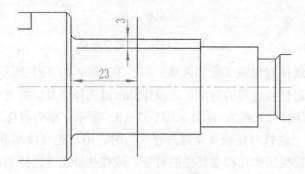

图 2-39　确定孔的位置

根据图2-1的图形尺寸，应用"等距线"命令⬛，确定孔的直径，距离在图中标出，结果如图2-40所示。

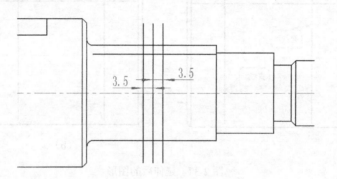

图 2-40　确定孔的直径

（2）裁剪。

应用"裁剪"命令⊢，裁剪多余图线，结果如图2-41所示。

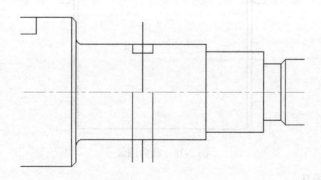

图 2-41　裁剪后的图形

（3）删除。

单击"常用"选项卡→"修改"面板→"删除"按钮⬛或下拉"菜单"→"修改"→"删除"，命令行提示"拾取添加"，依次单击图2-42（a）所示的直线1、直线2、直线3，单击右键，完成删除操作，结果如图2-42（b）所示。

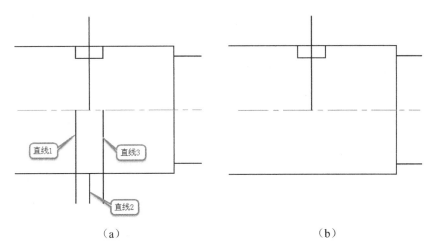

（a） （b）

图 2-42 删除多余图线

（4）特性匹配。

单击"常用"选项卡→"常用"面板→"特性匹配"按钮圖或下拉"菜单"→"修改"→"特性匹配"，系统弹出立即菜单栏。

设置立即菜单栏，选择系统默认的"匹配所有对象"，如图2-43所示。

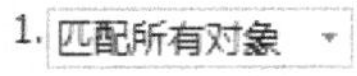

1. 匹配所有对象 ▼

图 2-43 "特性匹配"立即菜单栏

命令行提示"拾取源对象"，单击图2-44（a）所示的轴线；命令行提示"拾取目标对象"，单击孔的轴线；此时孔的轴线图层变为中心线层，结果如图2-44（b）所示。用户也可以直接选中孔的轴线，单击"常用"选项卡→"属性"面板，在"图层设置"下拉列表中单击"中心线层"，即可改变图线图层。

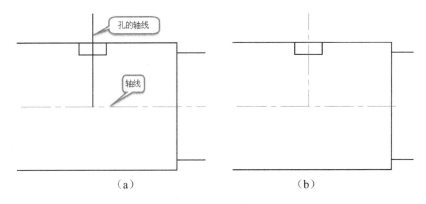

（a） （b）

图 2-44 改变图线图层

（5）角度线。

单击"常用"选项卡→"基本绘图"面板→"直线"按钮╱右侧的下拉箭头→"角度线"按钮⊿或下拉"菜单"→"绘图"→"直线"→"角度"，系统弹出立即菜单栏。用户也可以直接单击"直线"按钮✐，在立即菜单栏中选择，如图2-45所示。

| 1. X轴夹角 ▾ | 2. 到点 ▾ | 3.度= 45 | 4.分= 0 | 5.秒= 0 |

图 2-45　"角度线"立即菜单栏

由图2-1可知，孔的顶锥角为"120°"，设置立即菜单栏，如图2-46所示。

| 1. Y轴夹角 ▾ | 2. 到点 ▾ | 3.度= 60 | 4.分= 0 | 5.秒= 0 |

图 2-46　设置"角度线"立即菜单栏

命令行提示"第一点"，单击图2-47（a）所示的点；命令行提示"第二点或长度"，鼠标拖至孔的轴线右侧，单击左键；结果如图2-47（b）所示。

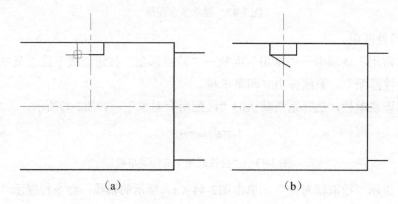

（a）　　　　　　　　　（b）

图 2-47　绘制角度线

（6）裁剪。

应用"裁剪"命令✲，裁剪多余图线，结果如图2-48所示。

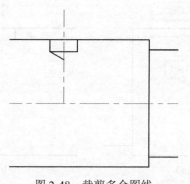

图 2-48　裁剪多余图线

（7）镜像。

单击"常用"选项卡→"修改"面板→"镜像"按钮或△下拉"菜单"→"修改"→"镜像"，系统弹出立即菜单栏。

设置立即菜单栏，如图2-49所示。

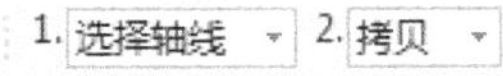

1. 选择轴线 ▾ 2. 拷贝 ▾

图 2-49 "镜像"立即菜单栏

命令行提示"拾取元素"，单击图2-50（a）所示的直线1，单击右键；命令行提示"拾取轴线"，单击孔的轴线；结果如图2-50（b）所示。

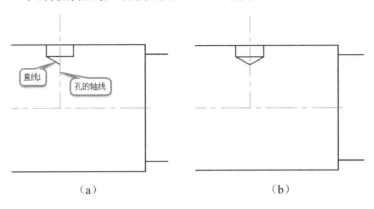

（a） （b）

图 2-50 镜像图线

### 4. 绘制波浪线

选择"细实线层"为当前图层。

单击"常用"选项卡→"高级绘图"面板→"样条"按钮 ↩ 或下拉"菜单"→"绘图"→"样条"，系统弹出立即菜单栏。

设置立即菜单栏，如图2-51所示。

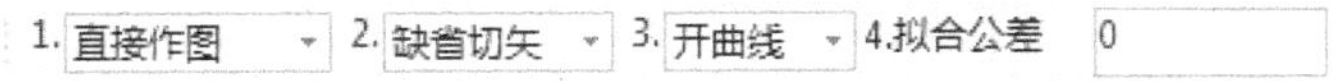

1. 直接作图 ▾ 2. 缺省切矢 ▾ 3. 开曲线 ▾ 4.拟合公差 0

图 2-51 "样条"立即菜单栏

命令行提示"输入点"，单击如图2-52（a）所示的起点（在键槽所在轴的轮廓线上追踪捕捉一点作为起点），根据图形需要单击选择另外几个点，点的个数没有限制，最后单击图2-52（b）所示的终点（终点必须也在轴的转向轮廓线上）。单击右键，完成键槽处波浪线的绘制。

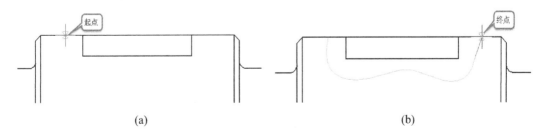

(a) (b)

图 2-52 波浪线的起点和终点

重复"样条"操作，绘制圆孔处的波浪线，结果如图2-53所示。单击右键，完成圆孔处波浪线的绘制。

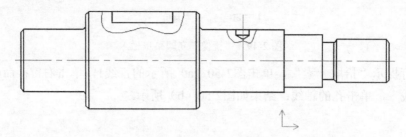

图 2-53　键槽与孔处的波浪线

### 5. 绘制螺纹线

选择"细实线层"为当前图层。

单击"常用"选项卡→"基本绘图"面板→"直线"按钮╱或下拉"菜单"→"绘图"→"直线"→"直线"，系统弹出立即菜单栏。

设置立即菜单栏，如图2-54所示。

1.两点线　▾　2.连续　▾

图 2-54　"直线"立即菜单栏

命令行提示"第一点"，单击图2-55所示的起点；命令行提示"第二点"，单击图2-55所示的"终点"；单击右键，完成直线绘制。

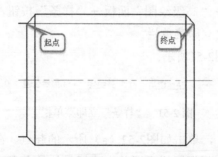

图 2-55　直线的"起点"和"终点"

重复"直线"操作，绘制螺纹线。单击右键，完成螺纹小径的绘制，结果如图2-56所示。

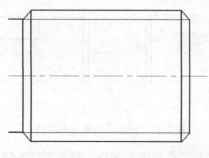

图 2-56　螺纹小径

## 2.2.2　绘制断面图

选择"粗实线层"为当前图层。

**1. 键槽断面图**

（1）构造线。

单击"常用"选项卡→"基本绘图"面板→"直线"按钮／右侧的下拉箭头→"构造线"按钮／或下拉"菜单"→"绘图"→"直线"→"构造线"，系统弹出立即菜单栏。用户也可以直接单击"直线"／按钮，在立即菜单栏中选择。

设置立即菜单栏，如图2-57所示。

图 2-57　"构造线"立即菜单栏

命令行提示"指定点"，单击图2-58（a）所示的直线中点；命令行提示"指定通过点"，将窗口右下角的"正交"模式打开，延直线竖直方向单击一点；单击右键，完成构造线绘制，结果如图2-58（b）所示。

重复"构造线"操作，再绘制一条水平构造线，结果如图2-58（c）所示。

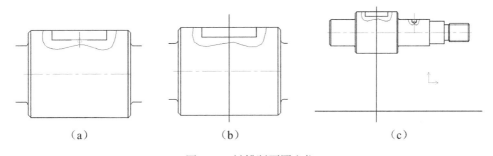

　（a）　　　　　　　　　　（b）　　　　　　　　　　（c）

图 2-58　键槽断面图定位

（2）特性匹配。

应用"特性匹配"命令，将绘制的构造线图层变为中心线层，结果如图2-59所示。

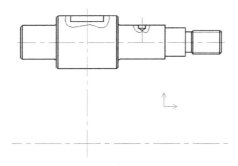

图 2-59　改变构造线图层

（3）圆。

单击"常用"选项卡→"基本绘图"面板→"圆"按钮⊙或下拉"菜单"→"绘图"→"圆"→"圆"，系统弹出立即菜单栏。

设置立即菜单栏，如图2-60所示。

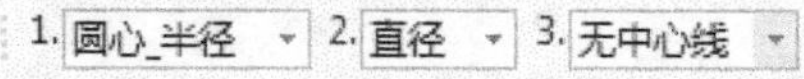

1. 圆心_半径 ▾ 2. 直径 ▾ 3. 无中心线 ▾

图 2-60　"圆"立即菜单栏

命令行提示"圆心点"，单击图2-61所示的构造线交点；命令行提示"输入直径或圆上一点"，输入直径"50"，按Enter键；单击右键，完成圆的绘制。

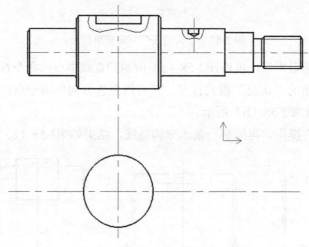

图 2-61　断面图外圆

（4）等距线。

根据图2-1的图形尺寸，应用"等距线"命令⬤，确定键槽的位置，距离在图中标出结果，如图2-62所示。

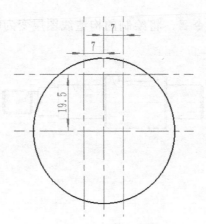

图 2-62　确定键槽位置

（5）直线。

应用"直线"命令✐，画出键槽图线，如图2-63所示。

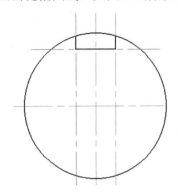

图 2-63　绘制键槽图线

（6）删除、裁剪。

应用"删除"命令✎，删除辅助作图的构造线；应用"裁剪"命令⊹，裁剪多余图线，结果如图2-64所示。

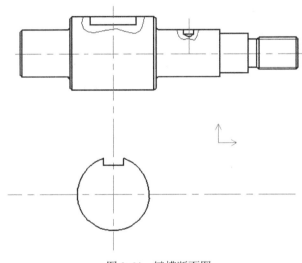

图 2-64　键槽断面图

## 2. C-C断面图

选择"粗实线层"为当前图层。

（1）构造线。

应用"构造线"命令✐，绘制一条竖直构造线。

（2）特性匹配。

应用"特性匹配"命令🗐，将绘制的构造线图层变为中心线层。

（3）圆。

应用"圆"命令⊙，绘制直径为"32"的圆，结果如图2-65所示。

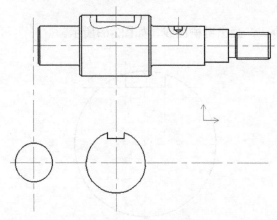

图 2-65　绘制C-C断面图

（4）平移复制。

断面图上的孔与主视图上的孔图形一样，可直接复制。单击"常用"选项卡→"修改"面板→"平移复制"按钮或下拉"菜单"→"修改"→"平移复制"，系统弹出立即菜单栏。

设置立即菜单栏，如图2-66所示。

| 1.给定两点 ▾ | 2.保持原态 ▾ | 3.旋转角 | 0 | 4.比例: | 1 | 5.份数 | 1 |

图 2-66　　"平移复制"立即菜单栏

命令行提示"拾取添加"，应用窗口选择方式选择主视图上的圆孔，如图2-67（a）所示，单击右键；命令行提示"第一点"，单击主视图上中心线与轴的轮廓线的交点；命令行提示"第二点或偏移量"，移动鼠标，将其复制到断面图上，如图2-67（b）所示；单击右键，完成圆的绘制，结果如图2-67（c）所示。

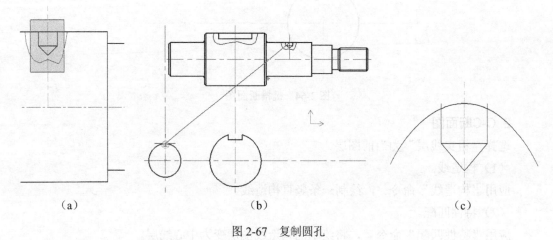

（a）　　　　　　　　　　　　（b）　　　　　　　　　　　　（c）

图 2-67　复制圆孔

（5）裁剪。

应用"裁剪"命令，裁剪多余图线，结果如图2-68所示。

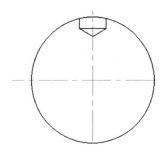

图 2-68 裁剪多余图线

### 3. 加工平面的断面

选择"粗实线层"为当前图层。

（1）构造线。

应用"构造线"命令↗，绘制一条竖直构造线，确定断面图位置。

（2）特性匹配。

应用"特性匹配"命令🖫，将绘制的构造线图层变为中心线层。

（3）圆。

应用"圆"命令⊙，绘制直径为"27"的圆，结果如图2-69所示。

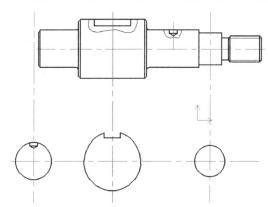

图 2-69 确定断面图位置

（4）构造线。

应用"构造线"命令↗，通过圆心绘制两条构造线，设置两条构造线的立即菜单栏如图2-70（a）和图2-70（b）所示。

（a）　　　　　　　　　　　　　（b）

图 2-70 设置构造线立即菜单栏

（5）等距线。

根据图2-1的图形尺寸，应用"等距线"命令🖳，确定平面位置，距离在图中标出，结果如图2-71所示。

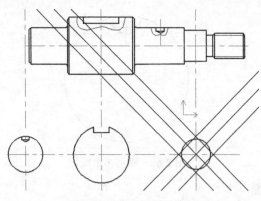

图 2-71　确定平面位置

（6）删除、裁剪。

应用"删除"命令 ，删除通过圆心的两条构造线；应用"裁剪"命令 ，以圆为剪刀线，裁剪多余的构造线，结果如图2-72所示。

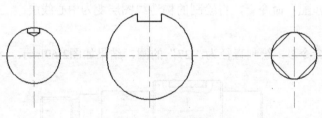

图 2-72　绘制平面

应用"裁剪"命令 ，裁剪多余的圆弧，结果如图2-73所示。

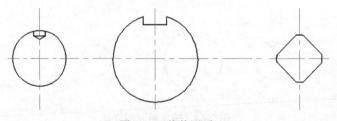

图 2-73　裁剪圆弧

（7）直线。

由于该轴段加工了平面，所以在主视图中需要表达出来。首先需要确定平面与圆弧面的交线，应用"直线"命令 ，连接断面图上代表平面与圆弧的交线的点，绘制两条水平线段，如图2-74所示。

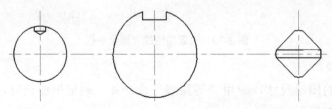

图 2-74　绘制两条水平线段

（8）平移。

将绘制的两条水平线段平移到主视图的相应位置。单击"常用"选项卡→"修改"面板→"平移"按钮✛或下拉"菜单"→"修改"→"平移"，系统弹出立即菜单栏。

设置立即菜单栏，如图2-75所示。

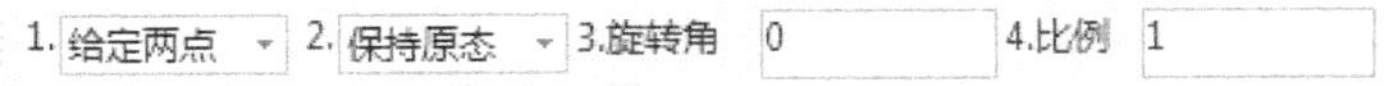

1.给定两点　▼　2.保持原态　▼　3.旋转角　0　　　　4.比例　1

图 2-75　"平移"立即菜单栏

命令行提示"拾取添加"，单击选择绘制的两条水平线段，再单击右键，命令行提示"第一点"，单击图2-76（a）所示的第一点；命令行提示"第二点"，移动鼠标，将其移动到主视图上，单击第二点；完成线段平移，结果如图2-76（b）所示。

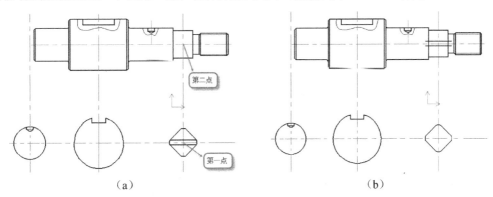

（a）　　　　　　　　　　　　　　　　（b）

图 2-76　移动交线

（9）裁剪。

应用"裁剪"命令⊹，裁剪多余的图线。

（10）直线。

选择"细实线层"为当前图层，应用"直线"命令╱，绘制代表轴上平面的四条相交直线，如图2-77所示。

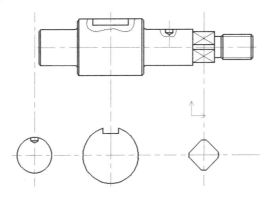

图 2-77　绘制代表平面的细实线

### 2.2.3 绘制局部放大图

**1. 确定位置、复制图线**

选择"细实线层"为当前图层。

（1）圆。

应用"圆"命令⊙，在需要绘制局部放大图的位置绘制一个大小适中的圆。

（2）平移复制。

应用"平移复制"命令⊹，采用"交叉窗口"的方式选择复制细实线圆内的图线，如图2-78所示。

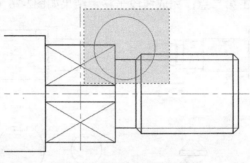

图 2-78　复制放大部分的图线

将窗口右下角的"正交"模式打开，将复制的图线水平移至适当位置，如图2-79所示。

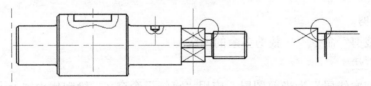

图 2-79　确定局部放大图的位置

**2. 确定范围、绘制圆角**

选择"细实线层"为当前图层。

（1）样条。

应用"样条"命令⌇绘制波浪线，确定局部放大范围，如图2-80所示。

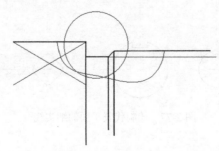

图 2-80　绘制波浪线

（2）删除、裁剪。

应用"删除"命令 和"裁剪"命令 ，去除多余图线，如图2-81所示。

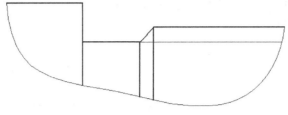

图 2-81 删除裁剪图线

（3）圆角。

选择"粗实线层"为当前图层，根据图2-1的图形尺寸，应用"圆角"命令 ，分别绘制半径为"1""2"的圆角，如图2-82所示。

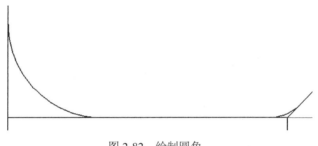

图 2-82 绘制圆角

（4）裁剪。

应用"裁剪"命令 ，裁剪多余图线，结果如图2-83所示。

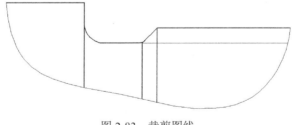

图 2-83 裁剪图线

### 3. 放大图形

选择"粗实线层"为当前图层。

（1）缩放。

单击"常用"选项卡→"修改"面板→"缩放"按钮 或下拉"菜单"→"修改"→"缩放"，系统弹出立即菜单栏。

设置立即菜单栏，如图2-84所示。

| 1. 平移 ▾ | 2. 比例因子 ▾ |

图 2-84 "缩放"立即菜单栏

命令行提示"拾取添加"，应用窗口选择方式选择局部放大图；命令行提示"对角点"，直接单击右键；命令行提示"基准点"，基准点位置就是放大图形的中心位置，可根据需要任意选择，单击图2-85所示的基准点；命令行提示"比例系数（*XY*方向的不同比例请用分隔符隔开）"，输入"2"；单击右键，完成图形放大，结果如图2-86所示。

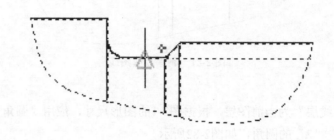

图 2-85　指定基准点位置

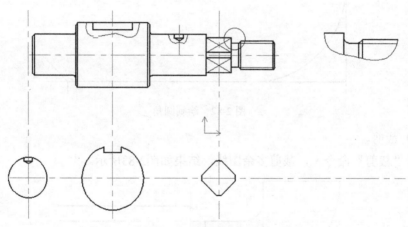

图 2-86　绘制局部放大图

## 2.2.4　绘制局部视图

### 1. 局部视图定位

选择"细实线层"为当前图层。

（1）直线。

应用"直线"命令╱，由主视图上键槽的左端向上绘制一条细实线。

（2）等距线。

应用"等距线"命令🖭，向右偏移直线，距离为"7"。

（3）镜像。

应用"镜像"命令🔼，在键槽的右侧镜像出与左侧相同的直线，如图2-87所示。

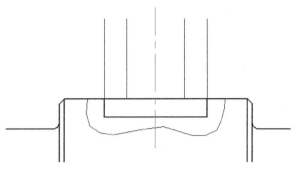

图 2-87　局部视图定位

### 2. 绘制局部视图

选择"粗实线层"为当前图层。

（1）多段线。

单击"常用"选项卡→"基本绘图"面板→"多段线"按钮⤵或下拉"菜单"→"绘图"→"多段线"，系统弹出立即菜单栏。

设置立即菜单栏，如图2-88所示，将窗口右下角的"正交"模式打开。

| 1. 直线 ▾ | 2. 不封闭 ▾ | 3.起始宽度 | 0 | 4.终止宽度 | 0 |

图 2-88　"多段线"立即菜单栏

命令行提示"第一点"，单击图2-89所示的第一点；命令行提示"下一点"将鼠标移至水平向右方向，输入"18"；单击右键，即可绘制出长度为"18"的水平直线。

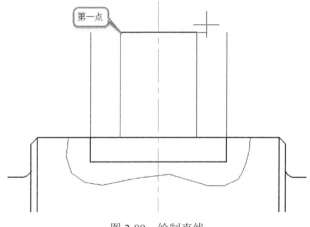

图 2-89　绘制直线

设置立即菜单栏，由绘制直线切换到绘制圆弧，此时移动鼠标就会出现圆弧，如图2-90（a）所示；命令行提示"下一点"，将鼠标移至垂直向上方向，输入"14"；单击右键，即可绘制出直径为"14"的圆弧，如图2-90（b）所示。

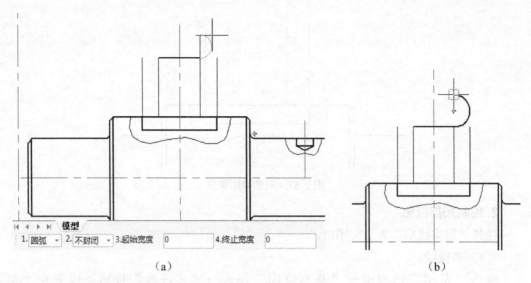

| (a) | (b) |

图 2-90　多段线连续绘制

设置立即菜单栏，由绘制圆弧切换到绘制直线；命令行提示"下一点"，将鼠标移至垂直水平向左方向，输入"18"；单击右键，即可绘制出长度为"18"的水平直线。

设置立即菜单栏，由绘制直线切换到绘制圆弧；命令行提示"下一点"，将鼠标移至垂直向下方向，输入"14"；单击右键，即可绘制出直径为14的圆弧；单击右键，退出"多段线命令"，局部视图绘制完毕，结果如图2-91所示。

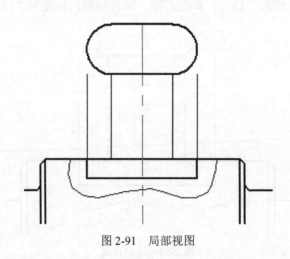

图 2-91　局部视图

（2）拉伸。

在没有任何命令的情况下，选中最左边绘制的直线，直线上会出现两个箭头和三个蓝色的夹点。单击最高的夹点，向上移动鼠标，将直线拉伸至圆弧的中点，如图2-92所示。

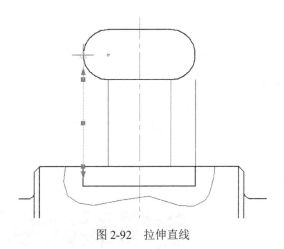

图 2-92　拉伸直线

（3）删除。

应用"删除"命令🖊删除除多余图线。

（4）构造线。

选择"中心线层"为当前图层，应用"构造线"命令↗，捕捉两端圆弧的圆心，绘制一条水平构造线，局部视图绘制完毕，如图2-93所示。

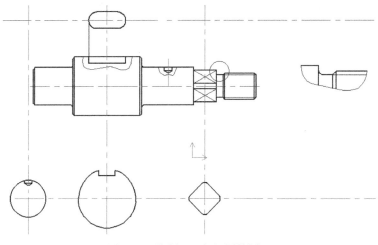

图 2-93　绘制了局部视图的图形

## 2.2.5　填充剖面线

选择"剖面线层"为当前图层。

单击"常用"选项卡→"基本绘图"面板→"剖面线"按钮▨或下拉"菜单"→"绘图"→"剖面线"，系统弹出立即菜单栏。

设置立即菜单栏，如图2-94所示。

| 1.拾取点 ▾ | 2.选择剖面图案 ▾ | 3.非独立 ▾ | 4.允许的间隙公差 | 0.0035 |

图2-94　"剖面线"立即菜单栏

　　命令行提示"拾取环内一点"，单击需要填充的区域，此时选中的区域边界变成虚线；命令行提示"成功拾取到环，拾取环内一点"，单击右键，系统弹出"剖面图案"对话框，选择系统默认的"无图案"，也可选择"ANSI31"；单击"确定"按钮，即可完成剖面线填充，如图2-95所示。

图 2-95　"剖面图案"对话框

　　建议分别填充每一个图形，避免修改时出现关联。重复"剖面线"命令▨，分别填充，结果如图2-96所示。

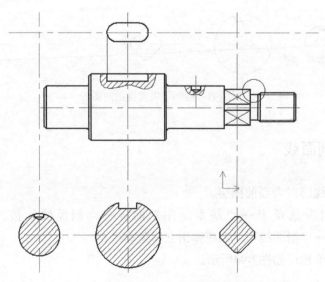

图 2-96　分别填充

## 2.2.6　裁剪中心线

### 1. 等距线

● 　中心线应超出相应轮廓线2～5 mm。应用"等距线"命令 ⊜ 绘制辅助线。

### 2. 裁剪

● 　应用"裁剪"命令 ⊁ 裁剪中心线至辅助线。

● 　应用"删除"命令 ⊿ 删除辅助线。

本图中心线超出轮廓线统一为"3"，裁剪后如图2-97所示。

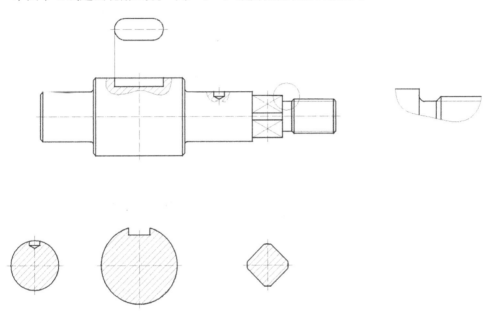

图 2-97　完成后的图形

# 2.3　标注尺寸

## 2.3.1　设置标注风格

### 1. 文本样式

单击"标注"选项卡→"标注样式"面板→"文本样式"按钮 ⊿ 或下拉"菜单"→"格式"→"文字"，系统弹出"文本风格设置"对话框，如图2-98所示。

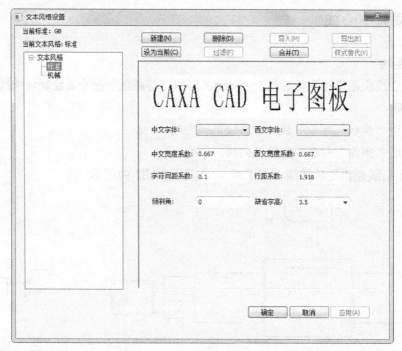

图 2-98  "文本风格设置"对话框

在"文本风格设置"对话框中，在"中文字体"下拉列表选择"仿宋"，在"西文字体"下拉列表选择"国标"，如图2-99所示。此时，左边对话框上方显示"当前文本风格：标准"，单击"确定"按钮即可。

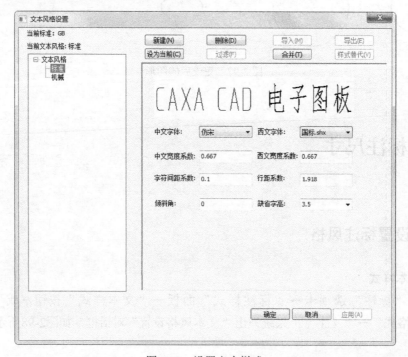

图 2-99  设置文本样式

CAXA 2016电子图板提供了默认的"标准"文字样式，"标准"文字样式可以编辑，但不可删除，用户可以根据需要设置字体、宽度系数、字符间距、倾斜角、字高等参数。本书使用编辑后的"标准"文字样式。

**2.尺寸样式**

● 单击"标注"选项卡→"标注样式"面板→"尺寸样式"按钮✐或下拉"菜单"→"格式"→"尺寸"，系统弹出"标注风格设置"对话框，如图2-100所示。

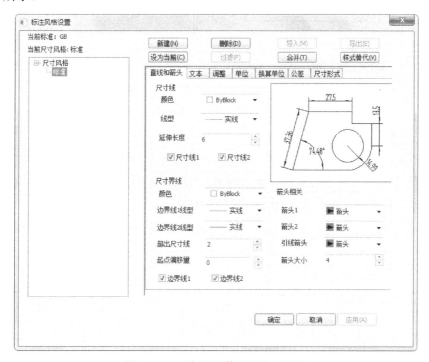

图 2-100　"标注风格设置"对话框

CAXA 2016电子图板提供了默认的"标准"标注样式，用户可在7个选项卡中根据需要设置相关参数。本书大部分图形使用默认的"标准"标注样式，无需修改，只有局部放大图需改变"度量比例"，其基础样式依然是"标准"。

## 2.3.2　标注主视图

**1.标注基本线性尺寸**

（1）尺寸标注。

单击"标注"选项卡→"标注"面板→"尺寸标注"按钮⊢或下拉"菜单"→"标注"→"尺寸标注"→"尺寸标注"，系统弹出"尺寸标注"立即菜单栏。

命令行提示"拾取标注元素或点取第一点"，单击图2-101（a）所示的端点；命令行提示"拾取另一个标注元素或点取第二点"，单击直线另一端点；命令行提示"尺寸线位置"，将尺寸线移到需要标注的位置；单击鼠标左键完成标注，结果如图2-101（b）所示。

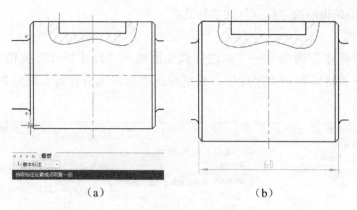

（a）　　　　　　　　　　　（b）

图 2-101　基本尺寸标注

（2）基线。

单击"标注"选项卡→"标注"面板→"尺寸标注"按钮⊢下方的下拉箭头▾，系统弹出"尺寸标注"命令的下拉菜单，如图2-102所示。用户也可以直接单击"尺寸标注"按钮⊢，在立即菜单栏中选择，如图2-103所示。

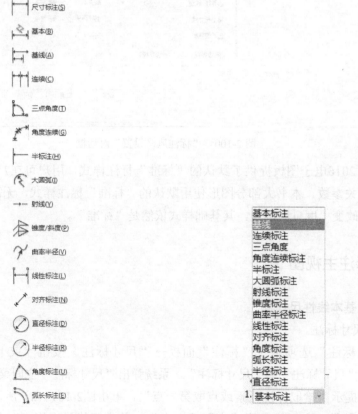

图 2-102　"尺寸标注"命令的下拉菜单　　　图 2-103　"尺寸标注"立即菜单栏选择

单击"基线"按钮└┐，或下拉"菜单"→"标注"→"尺寸标注"→"基线"。

命令行提示"拾取线性尺寸或第一引出点"，单击图2-104（a）所示的端点；命令行提示"拾取第二引出点"单击第二点；命令行提示"尺寸线位置"，将尺寸线移到需要标注的位置，此时立即菜单栏如图2-104（b）所示；单击鼠标左键，确定尺寸线位置。

接下来标注尺寸的第一条尺寸线原点与上一尺寸相同，可直接指定该尺寸的第二条尺寸界线原点进行标注。命令行提示"拾取第二引出点"，直接移动鼠标，单击下一点，如图2-104（c）所示，单击鼠标左键即可。立即菜单栏中的尺寸线偏移距离可以根据图形间距进行设置。

依次标注多个相同基准的尺寸，结果如图2-104（d）所示。

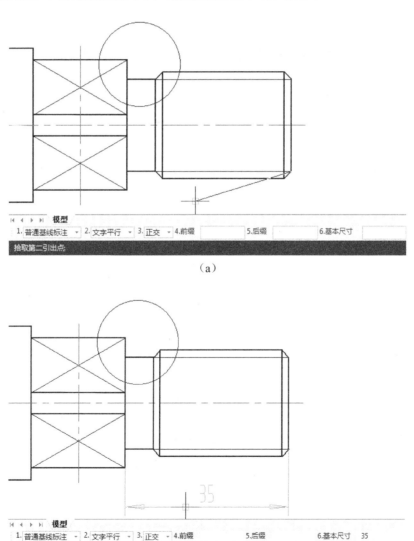

（a）

（b）

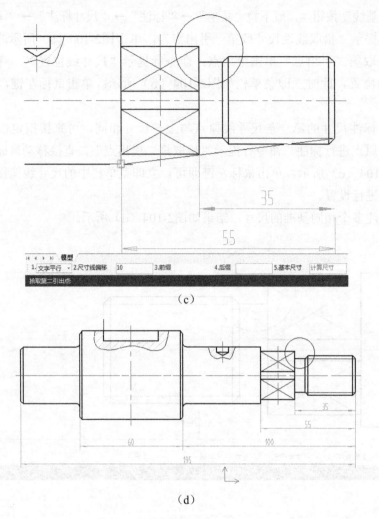

（c）

（d）

图 2-104　基线标注

（3）连续。

单击"标注"选项卡→"标注"面板→"尺寸标注"按钮⊢下方的下拉箭头→"连续"按钮⊩或下拉"菜单"→"标注"→"尺寸标注"→"连续"。用户也可以直接单击"尺寸标注"按钮⊢，在立即菜单栏中选择。

命令行提示"拾取线性尺寸或第一引出点"，单击图2-105（a）所示键槽的左端点，命令行提示"拾取第二引出点"，单击键槽右端点；命令行提示"尺寸线位置"，将尺寸线移到需要标注的位置，此时立即菜单栏如图2-105（b）所示；单击鼠标左键，确定尺寸线位置。

接下来标注尺寸的第一条尺寸线原点为上一尺寸的第二条尺寸界线原点，可直接指定该尺寸的第二条尺寸界线原点进行标注。命令行提示"拾取第二引出点"，直接移动鼠标，单击下一点，如图2-105（c）所示，单击鼠标左键即可。

依次标注多个连续的尺寸，结果如图2-105（d）所示。

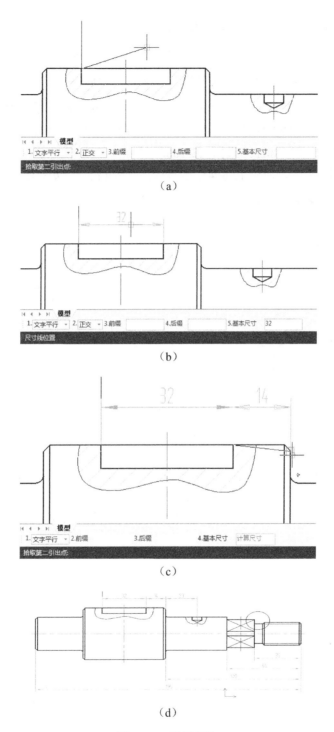

图 2-105　连续标注

## 2. 需修改标注文本的尺寸

（1）尺寸标注。

应用"尺寸标注"命令 ⊢┐，标注左端直径为"32"的轴径。

设置"尺寸标注"立即菜单栏，如图2-106所示。

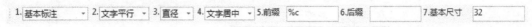

图 2-106　设置轴径"尺寸标注"立即菜单栏

移动鼠标，将尺寸线移到需要标注的位置；单击鼠标右键，系统弹出"尺寸标注属性设置"对话框，在"公差代号"文本框中输入"f6"，如图2-107所示。

单击"确定"按钮，标注结果如图2-108所示。

根据图2-1图形尺寸，应用上述操作步骤标注"Φ50h6""Φ32f6"的尺寸。

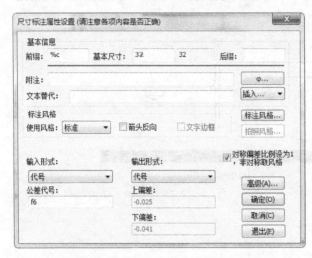

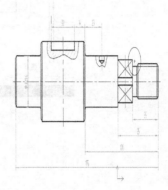

图 2-107　标注"公差代号"属性设置　　　　　图 2-108　轴径尺寸标注

应用"尺寸标注"命令标注右端螺纹尺寸时，移动鼠标，将尺寸线移到需要标注的位置；单击鼠标右键，系统弹出"尺寸标注属性设置"对话框，在"文本替代"文本框中输入"M22%x1.5"；"X"输入时，从右端"插入"的下拉列表中直接选择，如图2-109所示。

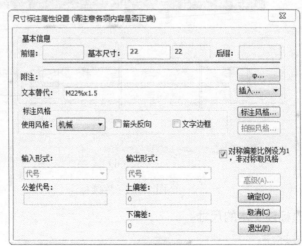

图 2-109　"螺纹"尺寸标注属性设置

单击"确定"按钮，结果如图2-110所示。

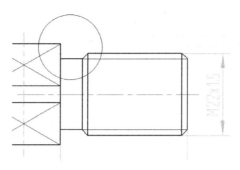

图 2-110 标注"螺纹"尺寸

应用"尺寸标注"命令标注右端螺纹尺寸时，移动鼠标，将尺寸线移到需要标注的位置，再向右移动鼠标，使数字"7"在尺寸线右侧，如图2-111所示；单击鼠标右键，系统弹出"尺寸标注属性设置"对话框，在"文本替代"文本框中输入"Φ7▽3"；"Φ"输入时，从右端"插入"的下拉列表中选择。

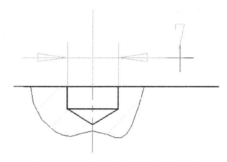

图 2-111 数字移动至尺寸线右侧

"▽"输入时，从右端的下拉列表中单击"尺寸特殊符号"，系统弹出"尺寸特殊符号对话框"，如图2-112所示，选择"▽"后，单击"确定"按钮。"尺寸标注属性设置"对话框显示如图2-113所示。

图 2-112 "尺寸特殊符号"对话框

图 2-113 标注"小圆孔"属性设置

单击"确定"按钮，结果如图2-114所示。

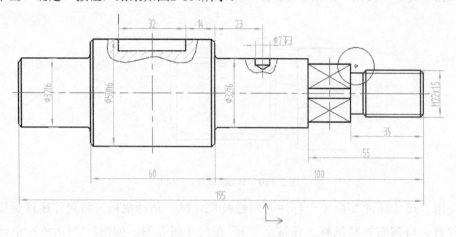

图 2-114　标注线性尺寸后的主视图

（2）打断。

由于尺寸数字不能被任何图线穿过，用户可以使用"打断"命令进行操作。单击"常用"选项卡→"修改"面板→"打断"按钮▢或下拉"菜单"→"修改"→"打断"，系统弹出立即菜单栏。

设置立即菜单栏，选择如图2-115所示。

1. 两点打断　▼　2. 伴随拾取点　▼

图 2-115　"打断"立即菜单栏

命令行提示"拾取曲线"，单击"Φ32h6"左边中心线上第一点；命令行提示"拾取第二点"，单击"Φ32h6"右边中心线上第二点；，结果如图2-116所示。

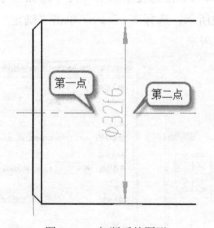

图 2-116　打断后的图形

重复"打断"操作，规范标注，结果如图2-117所示。

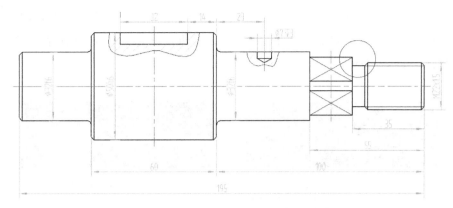

图 2-117 规范标注线性尺寸后的主视图

### 3. 引线标注

（1）引出说明。

单击"标注"选项卡→"标注样式"面板→"样式管理"按钮下方的下拉箭头→"引线"按钮，或下拉"菜单"→"格式"→"引线"，系统弹出"引线风格设置"对话框，如图2-118所示。用户根据需要设置引线风格，本书使用默认的"标准"引线风格，无需修改。

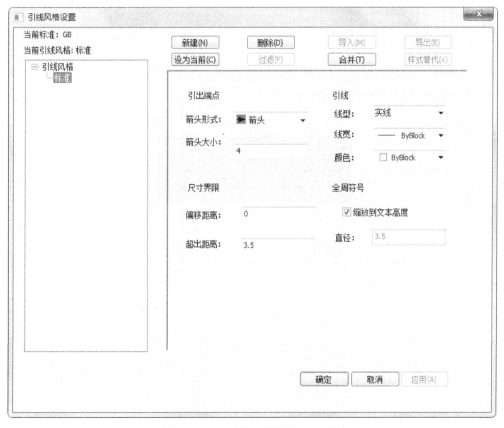

图 2-118 "引线风格设置"对话框

单击"标注"选项卡→"标注"面板→"引出说明"按钮 ⟋ᴬ或下拉"菜单"→"标注"→"引出说明",系统弹出"引出说明"对话框,该对话框分为预览区、文本输入区和设置区,如图2-119所示。

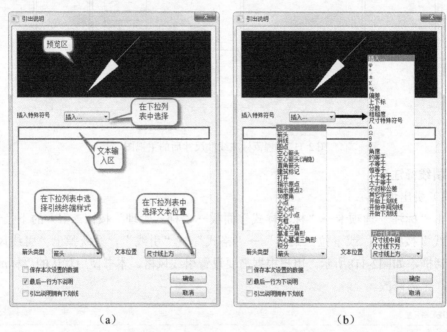

(a)                    (b)

图2-119  "引出说明"对话框

在文本输入区中输入图2-120所示的两行内容,单击"确定"按钮,系统弹出"引出说明"立即菜单栏,如图2-121所示。

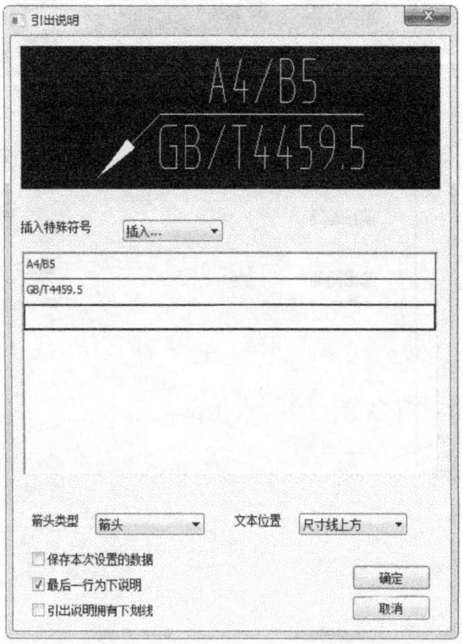

图2-120  输入文本

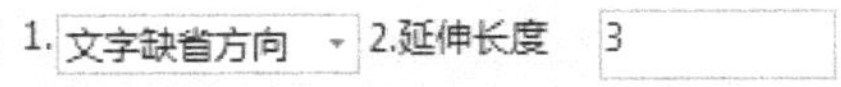

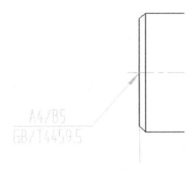

图 2-121 "引出说明"立即菜单栏

命令行提示"第一点"，单击鼠标左键确定箭头位置；命令行提示"下一点"，移动鼠标，将引线移到需要标注的位置；单击鼠标左键，再单击鼠标右键，完成引线标注，结果如图2-122所示。

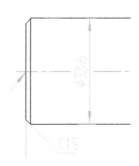

图 2-122 完成引线标注

（2）倒角标注。

单击"标注"选项卡→"标注"面板→"倒角标注"按钮⊱或下拉"菜单"→"标注"→"倒角标注"，系统弹出"倒角标注"立即菜单栏，设置立即菜单栏如图2-123所示。

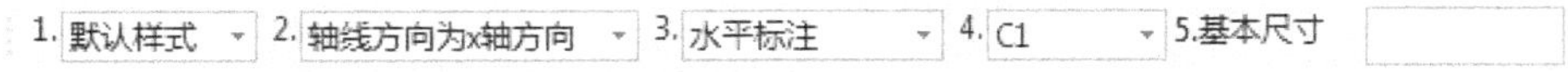

图 2-123 设置"倒角标注"立即菜单栏

命令行提示"拾取倒角线"，单击需要标注的倒角处；命令行提示"尺寸线位置"，移动鼠标，将引线移到需要标注的位置；单击鼠标左键，完成倒角标注，如图2-124所示。

图 2-124 倒角标注

重复"倒角标注"操作，完成图中所有倒角的标注，如图2-125所示。

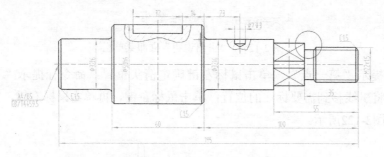

图 2-125　标注倒角后的主视图

（3）形位公差。

单击"标注"选项卡→"标注样式"面板→"样式管理"按钮下方的下拉箭头→"形位公差"按钮，或下拉"菜单"→"格式"→"形位公差"，系统弹出"形位公差风格设置"对话框，如图2-126所示。用户根据需要设置形位公差风格，本书使用默认的"标准"形位公差风格，无需修改。

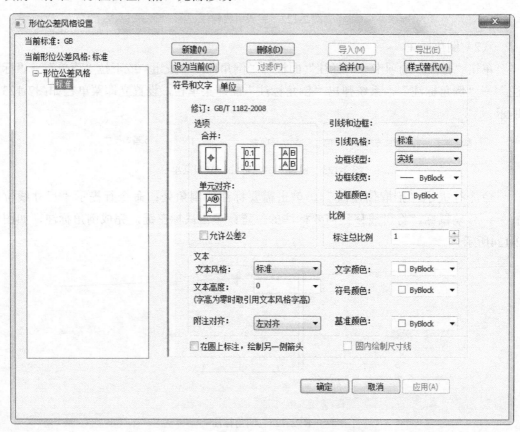

图 2-126　"形位公差风格设置"对话框

单击"标注"选项卡→"标注"面板→"形位公差"按钮或下拉"菜单"→"标注"→"形位公差"，系统弹出"形位公差（GB）"对话框，按图中标注填写"形位公差"，单击"确定"按钮，如图2-127所示。

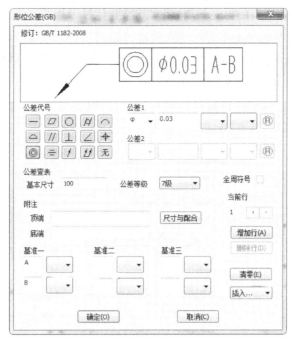

图 2-127 "形位公差"对话框

命令行提示"拾取定位点或直线或圆弧"，单击轮廓线后；命令行提示"引线转折点"，先向上移动鼠标，使引线长度适中，再左右移动鼠标，使形位公差的引线的箭头与"Φ50h6"尺寸线的箭头对齐，如图2-128（a）所示；单击鼠标左键，命令行提示"拖动确定标注位置"，向左移动鼠标，将形位公差移到需要标注的位置，如图2-128（b）所示，单击鼠标左键，完成形位公差的标注。

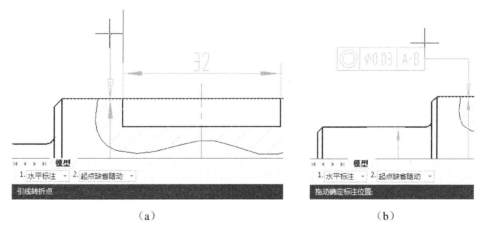

（a）　　　　　　　　　　　　　　　　　（b）

图 2-128 "形位公差"标注

### 4. 基准代号

单击"标注"选项卡→"标注样式"面板→"样式管理"按钮 下方的下拉箭头→"基准代号"按钮 ，或下拉"菜单"→"格式"→"基准代号"，系统弹出"基准代号风格设置对话框。在GB/T17851-2010《产品几何技术规范（GPS）几何公差 基准和基准体系》中规定基准代号的字母标注在基准方格内，与一个涂黑的或空白的三角形相连以表示基准。CAXA电子图板2016依据最新的国家标准，定制了基准代号的"标准"样式，其符号形式、起点形式如图2-129所示。本书使用默认的"标准"基准代号风格，无需修改，直接单击"确定"按钮。

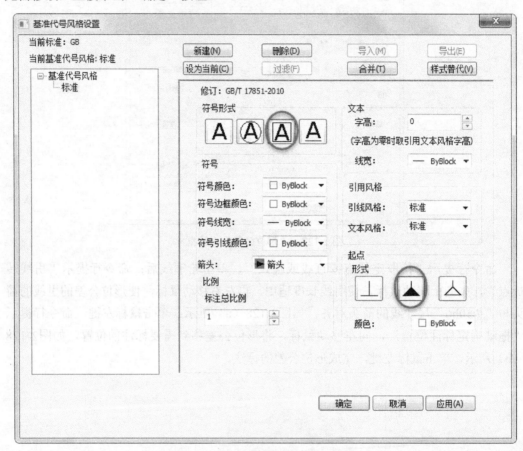

图 2-129 "基准代号风格设置"对话框

单击"标注"选项卡→"标注"面板→"基准代号"按钮或下拉"菜单"→"标注"→"基准代号"，系统弹出"基准代号"立即菜单栏，设置立即菜单栏如图2-130所示。

1. 基准标注 ▼ 2. 给定基准 ▼ 3. 默认方式 ▼ 4. 基准名称 A

图 2-130 设置"基准代号"立即菜单栏

命令行提示"拾取定位点或直线或圆弧"，单击轮廓线；命令行提示"输入角度或由屏幕上确定"，移动鼠标，使"基准代号"与"Φ32f6"尺寸线对齐；单击鼠标左键，完成"基准代号"标注，如图2-131所示。

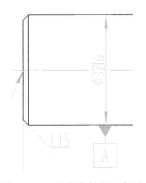

图 2-131 "基准代号"标注

重复"基准代号"标注，标注结果如图2-132所示。单击鼠标右键，退出"基准代号"标注。

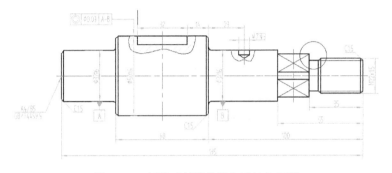

图 2-132 标注"基准代号"后的主视图

## 5. 标注半径

单击"标注"选项卡→"标注"面板→"尺寸标注"按钮下方的下拉箭头→"半径标注"按钮或下拉"菜单"→"标注"→"尺寸标注"→"半径标注"。

命令行提示"拾取圆弧或圆"，单击需要标注的圆角，移动鼠标，将尺寸线移到需要标注的位置。

重复"半径"标注，圆角半径标注结果如图2-133所示。单击鼠标右键，退出"半径"标注。

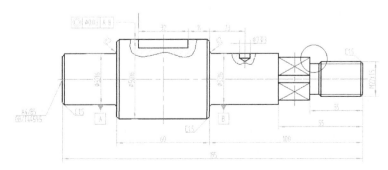

图 2-133 标注"半径"后的主视图

### 6. 标注剖切符号

单击"标注"选项卡→"标注样式"面板→"样式管理"按钮下方的下拉箭头→"剖切符号"按钮，或下拉"菜单"→"格式"→"剖切符号"，系统弹出"剖切符号风格设置"对话框，如图2-134所示。用户根据需要设置剖切符号风格，本书使用默认的"标准"风格，无需修改。

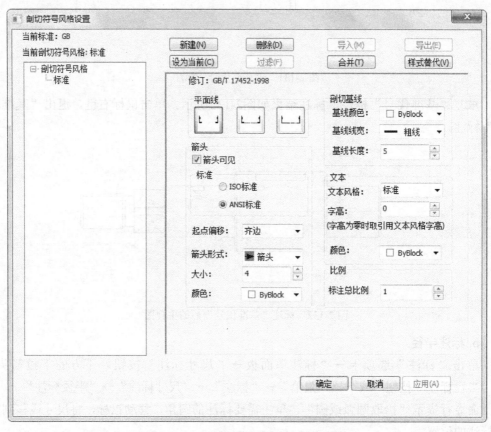

图 2-134    "剖切符号风格设置"对话框

单击"标注"选项卡→"标注"面板→"剖切符号"按钮或下拉"菜单"→"标注"→"剖切符号"，系统弹出"剖切符号"立即菜单栏，设置立即菜单栏如图2-135所示。

1. 不垂直导航 ▼ 2. 手动放置剖切符号名 ▼

图 2-135    设置"剖切符号"立即菜单栏

命令行提示"画剖切轨迹（画线）"，在小圆孔中心线上追踪捕捉一点，单击鼠标左键；命令行提示"指定下一个"，将窗口右下角的"正交"模式打开，如图2-136（a）所示，移动鼠标，在合适位置单击鼠标左键。

命令行提示"指定下一个，或右键单击选择剖切方向"，直接单击鼠标右键；命令行提示"请单击箭头选择剖切方向"，直接单击鼠标右键。

在立即菜单栏的"剖面名称"中输入"C"，命令行提示"指定剖面名称标注点"，此时字母C随十字光标移动。将字母C移至合适位置，单击鼠标左键，如图2-136（b）所示。

主视图标注剖切符号后，再单击鼠标右键，此时字母"C-C"随十字光标移动。将字母"C-C"移至断面图合适位置，单击鼠标左键，完成"剖切符号"标注，如图2-136（c）所示。

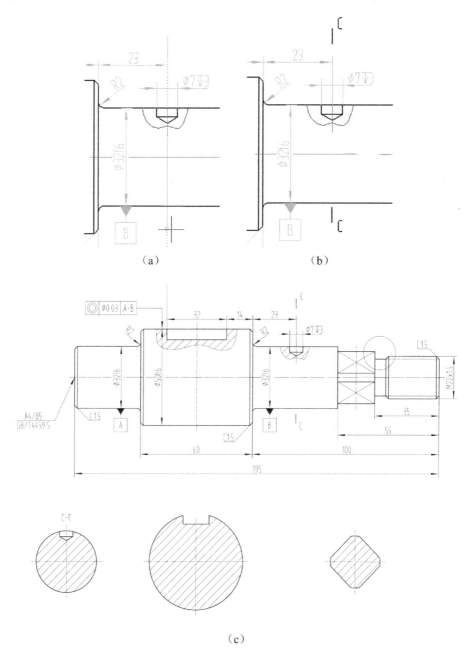

（a）　　　　　　　　　　　（b）

（c）

图2-136　"剖切符号"标注

### 2.3.3 标注键槽断面图

应用"尺寸标注"命令┤标注键槽宽度，移动鼠标，确定尺寸线位置；单击鼠标右键，系统弹出"尺寸标注属性设置"对话框，在"输入形式"和"输出形式"下拉列表中选择"偏差"，在"上偏差"文本框中输入"-0.018"，在"下偏差"文本框中输入"-0.061"，单击"确定"按钮，如图2-137所示。

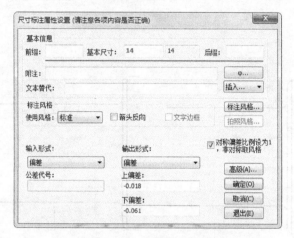

图 2-137 标注"极限偏差"属性设置

重复"尺寸标注"，完成"极限偏差"标注，如图2-138所示。

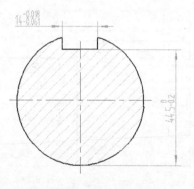

图 2-138 标注键槽断面

### 2.3.4 标注加工平面的断面图

#### 1. 尺寸标注

应用"尺寸标注"命令┤标注倾斜尺寸，直接单击两条平行轮廓线即可，标注结果如图2-139所示。

22
22

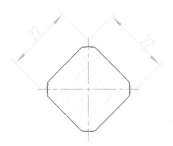

图 2-139　标注倾斜尺寸

## 2. 圆

选择“尺寸线层”为当前图层，应用“圆”命令，绘制一个直径为“27”的圆。

## 3. 尺寸标注

应用“尺寸标注”命令标注水平书写尺寸，设置立即菜单栏如图2-140所示。

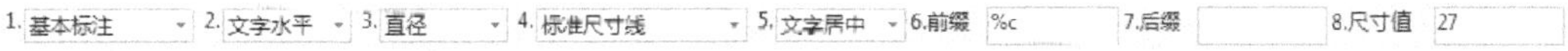

1. 基本标注
2. 文字水平
3. 直径
4. 标准尺寸线
5. 文字居中
6.前缀
%c
7.后缀
8.尺寸值
27

图 2-140　设置“水平书写尺寸”立即菜单栏

移动鼠标，将尺寸线移到需要标注的位置，单击鼠标左键，结果如图2-141所示。

22
22
Φ27

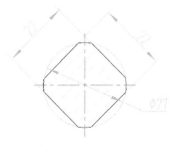

图 2-141　标注“水平书写”尺寸

## 4. 构造线、裁剪、删除

应用“构造线”命令绘制一条辅助线，如图2-142所示，再应用“裁剪”命令和“删除”命令，裁剪删除多余图线，如图2-143所示。

22
22
Φ27

图 2-142　绘制辅助线

22
22
Φ27

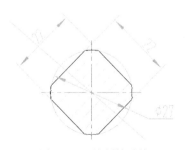

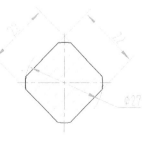

图 2-143　裁剪删除多余图线

### 2.3.5 标注局部放大图

#### 1. 标注局部放大图的比例

● 单击"标注"选项卡→"标注"面板→"文字"按钮A，或下拉"菜单"→"绘图"→"文字"→"文字"，系统弹出"文字"立即菜单栏，选择"两点"。

● 命令行提示"第一点"，在需要标注的位置，单击鼠标左键；命令行提示"第二点"，移动鼠标，在合适位置单击鼠标左键，系统弹出"文本编辑器-多行文字"对话框，如图2-144（a）所示。

● 输入"2∶1"，结果如图2-144（b）所示。

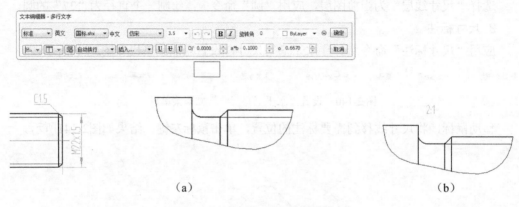

（a）                    （b）

图 2-144　标注局部放大图的比例

#### 2. 创建"局部放大"标注样式

图形比例改变以后，为了标注其实际尺寸，应该改变其标注"度量比例"。

单击"标注"选项卡→"标注样式"面板→"样式管理"按钮下方的下拉箭头→"尺寸"按钮，或下拉"菜单"→"格式"→"尺寸"，系统弹出"标注风格设置"对话框。

单击"新建"按钮，系统弹出如图2-145（a）所示的对话框，单击"是"按钮，系统弹出"新建风格"对话框。

在"风格名称"文本框中输入新标注样式的名称"局部放大"，如图2-145（b）所示。

（a）                    （b）

图 2-145　创建"局部放大"尺寸样式

单击"下一步"按钮，系统弹出"标注风格设置"对话框，只需在"单位"选项卡的"度量比例"文本框中输入"1：2"即可，如图2-146所示。

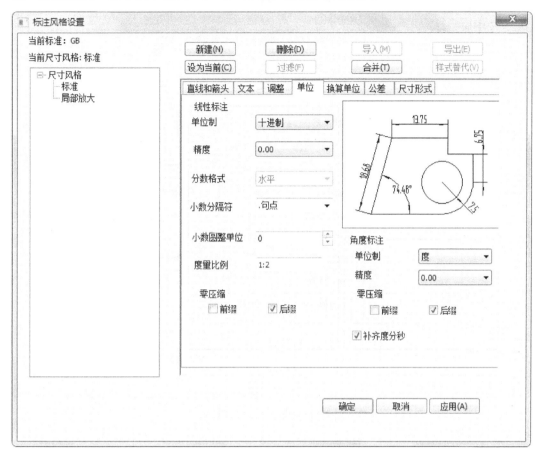

图2-146　设置"度量比例"

单击左侧列表中的"局部放大"尺寸样式，使其阴影显示；单击"设为当前"按钮，此时对话框上方显示"当前尺寸风格：局部放大"；单击"确定"按钮即可。如图2-147所示。用户也可以在"标注"选项卡→"标注样式"面板设置当前标注样式。

### 3. 标注局部放大图的线性尺寸

（1）角度标注。

单击"标注"选项卡→"标注"面板→"尺寸标注"按钮卜下方的下拉箭头·→"角度标注"按钮△或下拉"菜单"→"标注"→"尺寸标注"→"角度标注"。

命令行提示"拾取圆弧、圆、直线"，单击直线1；命令行提示"拾取第二条直线"，单击直线2；命令行提示"尺寸线位置"，移动鼠标，将尺寸线移到需要标注的位置；单击鼠标左键，完成角度标注，如图2-148所示。

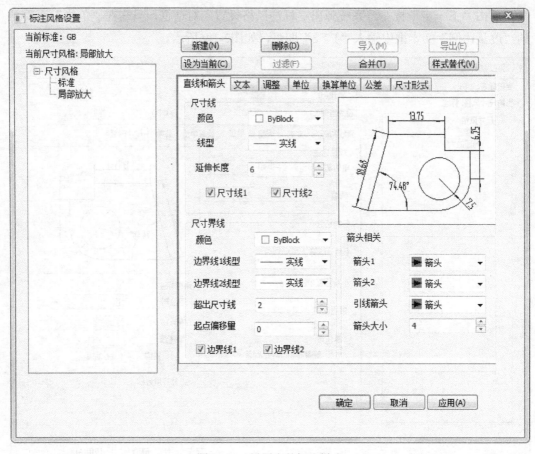

图 2-147　设置当前标注样式

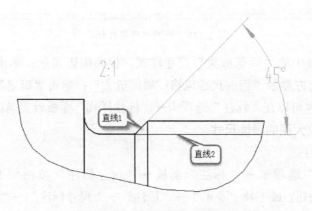

图 2-148　标注局部放大图角度

（2）尺寸标注。

应用"尺寸标注"命令⊢标注退刀槽的槽宽。

（3）半径标注。

应用"半径标注"命令⊙标注局部放大图的半径，如图2-149所示。

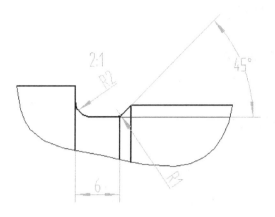

图 2-149　标注局部放大图半径

### 4. 标注局部放大图的不完整尺寸

（1）等距线。

应用"等距线"命令 ⊿ 绘制标注辅助线，以退刀槽轮廓线为基准线，距离为"39"。

（2）尺寸标注。

应用"尺寸标注"命令 ⊢ 标注退刀槽轮廓线与辅助线之间的距离，如图2-150（a）所示。

（3）分解。

单击"常用"选项卡→"修改"面板→"分解"按钮 ⊡ 或下拉"菜单"→"修改"→"分解"，命令行提示"拾取元素"，直接单击"Φ19.5"尺寸数字，此时尺寸线和尺寸数字都变为虚线显示，单击鼠标右键即可。

（4）打断、删除。

应用"打断"命令 ⊡ 和"删除"命令 ⊿，删除多余图线。

（5）平移。

应用"平移"命令 ✛，将尺寸数字移至合适位置，结果如图2-150（b）所示。

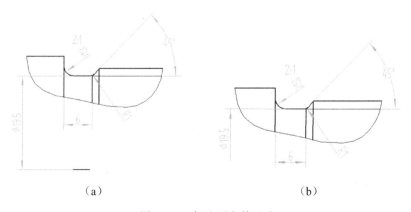

（a）　　　　　　　　　　　　　　　　　　（b）

图 2-150　标注不完整尺寸

### 2.3.6 标注表面粗糙度

#### 1. 不带引线粗糙度的标注

单击"标注"选项卡→"标注样式"面板→"样式管理"按钮🖳下方的下拉箭头·→"粗糙度"按钮✓，或下拉"菜单"→"格式"→"粗糙度"，系统弹出"粗糙度风格设置"对话框，如图2-151所示。用户根据需要设置粗糙度风格，本书使用默认的"标准"粗糙度风格，无需修改。

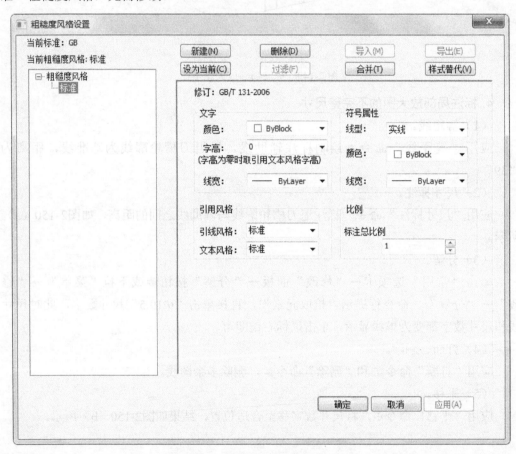

图 2-151 "粗糙度风格设置"对话框

单击"标注"选项卡→"标注"面板→"粗糙度"按钮✓或下拉"菜单"→"标注"→"粗糙度"，系统弹出"粗糙度"立即菜单栏，如图2-152所示。

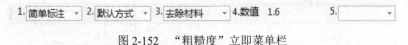

图 2-152 "粗糙度"立即菜单栏

设置"粗糙度"立即菜单栏，如图2-153所示。当选择"标准标注"时，系统弹出"表面粗糙度（GB）"对话框，用户可在该对话框中设置基本符号、纹理方向、上限值、下限值以及说明等，在预显框里可以看到标注结果。

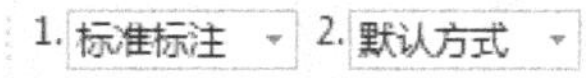

1. 标准标注 ▾　2. 默认方式 ▾

图 2-153　设置"粗糙度"立即菜单栏

在对应的文本框输入"Ra3.2"，其余选择参照图2-154，单击"确定"按钮。

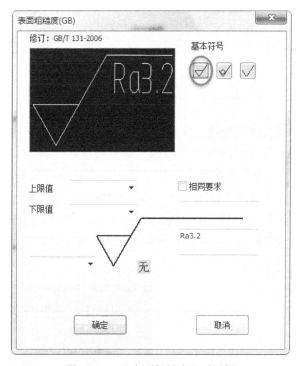

图 2-154　"表面粗糙度"对话框

命令行提示"拾取定位点或直线或圆弧"，单击需要标注的轮廓线，移动鼠标，在合适位置单击鼠标左键，如图2-155所示。

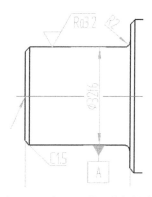

图 2-155　标注不带引线粗糙度

重复"粗糙度标注"操作，完成键槽断面图上粗糙度的标注。

## 2. 带箭头引线粗糙度的标注

用户标注加工平面的端面图上的粗糙度时与不带引线的方法与步骤基本相同，只是在设置"粗糙度"立即菜单栏时选择"引出方式"即可，标注结果如图2-156所示。

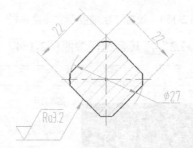

图 2-156 "引出方式"标注粗糙度

### 3. 不带箭头引线粗糙度的标注

应用"引出说明"命令/^标注不带箭头引线粗糙度，"箭头"下拉列表中选择"<无>"，"文本位置"下拉列表中选择"尺寸线下方"，在"文本输入区"输入时"插入特殊符号"下拉列表中选择"粗糙度"，此时系统弹出"表面粗糙度"对话框。

在对应的文本框输入"Ra1.6"，其余选择参照图2-157（a），单击"确定"按钮。此时"引出说明"对话框如图2-157（b）所示，单击"确定"按钮。

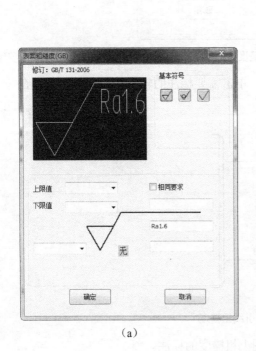

（a）

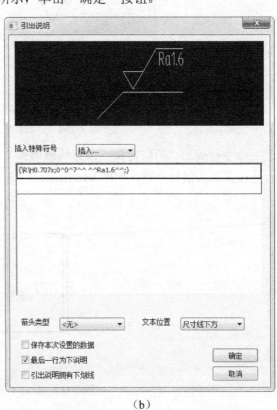

（b）

图 2-157 "引出说明"中插入粗糙度

依据命令行提示，在需要标注的位置进行标注。

按上述标注方法依次标注不带箭头引线粗糙度。

#### 4. 其余表面粗糙度

图2-158中右下角所标的其余表面粗糙度符号要比其他的大一号，即是其他符号的1.4倍。标注完成后应用"缩放"命令 🖵 放大1.4倍即可。

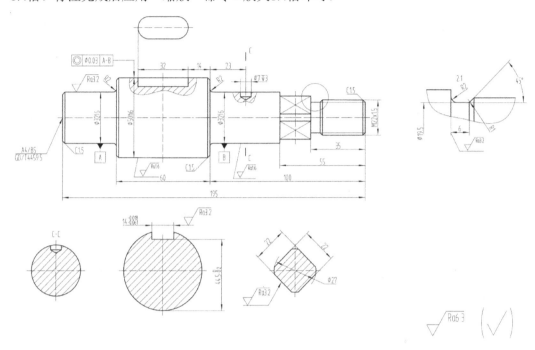

图 2-158　标注粗糙度后的图形

## 2.4　标注技术要求

CAXA电子图板2016用数据库文件分类记录了常用的技术要求文本项，可以辅助生成技术要求文本插入工程图中，也可以对技术要求库的文本进行添加、删除和修改。

单击"标注"选项卡→"标注"面板→"技术要求"按钮📇或下拉"菜单"→"标注"→"技术要求"，系统弹出"技术要求库"对话框，如图2-159所示。左下角的列表中列出了所有已有的技术要求类别，右下角的表格中列出了当前类别的所有文本项。如果技术要求库中已经有了要用到的文本，则可以用鼠标直接将文本从表格中拖到上方的编辑框中合适的位置，也可以在编辑框中输入和编辑文本。

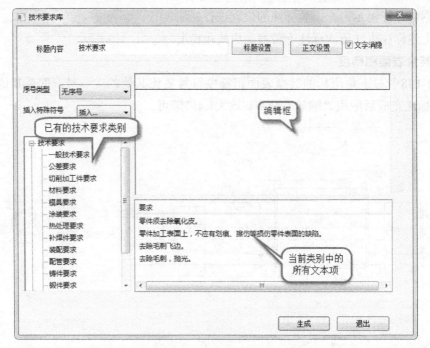

图 2-159 "技术要求库"对话框

"序号类型"下拉列表中选择"1.2.3..."，"标题设置"和"正文设置"均采用默认参数，无需修改。从技术要求库中选择要用到的文本，并在编辑框中输入和编辑文本，如图2-160所示。

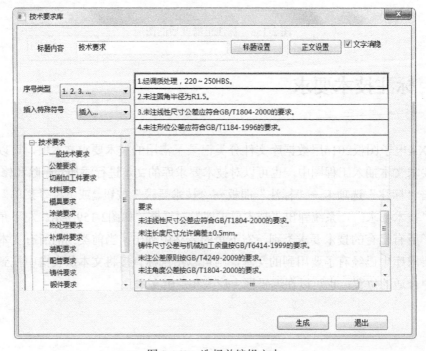

图 2-160 选择并编辑文本

单击"生成"按钮，命令行提示"第一角点"，在需要标注的位置单击鼠标左键，命令行提示"第二角点"，移动鼠标选择屏幕上适当位置单击鼠标左键；标注结果如图2-161所示。

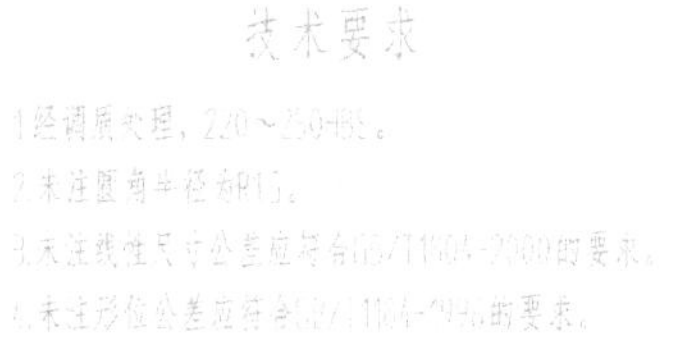

技术要求

1. 经调质处理，220～250HBS。
2. 未注圆角半径R15。
3. 未注线性尺寸极限偏差应符合GB/T1804-2000的要求。
4. 未注形位公差应应符合GB/T1184-1996的要求。

图2-161　标注"技术要求"

单击下拉"菜单"→"文件"→"保存"或单击快速启动工具栏中"保存文档"按钮，保存如图2-1所示的轴实例。

# 2.5　图形练习

绘制如图2-162所示的定位套。

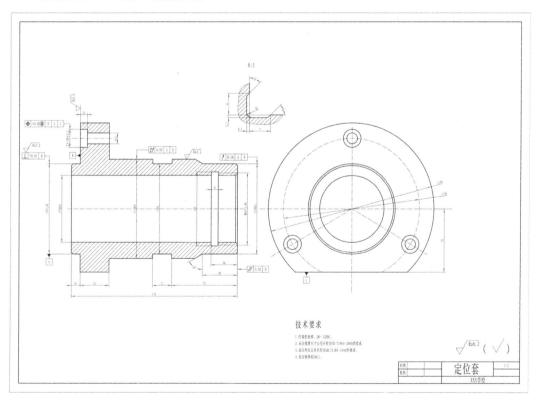

图2-162　定位套

# 第3章 盘盖类零件

盘盖类零件主要包括手轮、皮带轮、法兰盘和端盖等，主要作用是用来传递力和扭矩，或联接、轴向定位、密封等。

**1. 视图选择**

（1）主视图：盘盖类零件主体结构大多是同轴回转体，主要在车床上加工，按加工位置将轴线放成水平，用垂直于轴线的方向作为主视图的投影方向，将其上的键槽、孔等结构朝前或朝上。

（2）其他视图：除主视图外，有一个或两个侧视图，表达盘盖上的孔槽、轮辐等结构的分布情况，用其他表达方法表达细部结构。

**2. 尺寸标注**

（1）基准选择：径向以回转轴线作为尺寸基准，轴向（长度方向）以重要加工面为主要基准。

（2）尺寸标注：轮盘类零件的尺寸大部分集中在主视图上标注，键槽和轴孔尺寸、辐板上的孔的分布及大小等尺寸标注在投影为圆的左视图上，一些局部结构尺寸也可标注在断面图及局部放大图上。

**3. 技术要求**

（1）表面粗糙度的选择：配合的内、外表面及轴向定位端面的表面，其表面粗糙度要求较高，相应值偏小。

（2）尺寸公差的选择：具有配合关系的孔、轴和端面的尺寸精度要求较高。

（3）形位公差的选择：重要的轴、孔和端面一般都有形位公差要求，如同轴度、垂直度、平行度和端面跳动等。

（4）其他要求：盘盖类零件多为铸件，一般要求时效处理和表面处理等。

绘制如图3-1所示的联接盘实例。

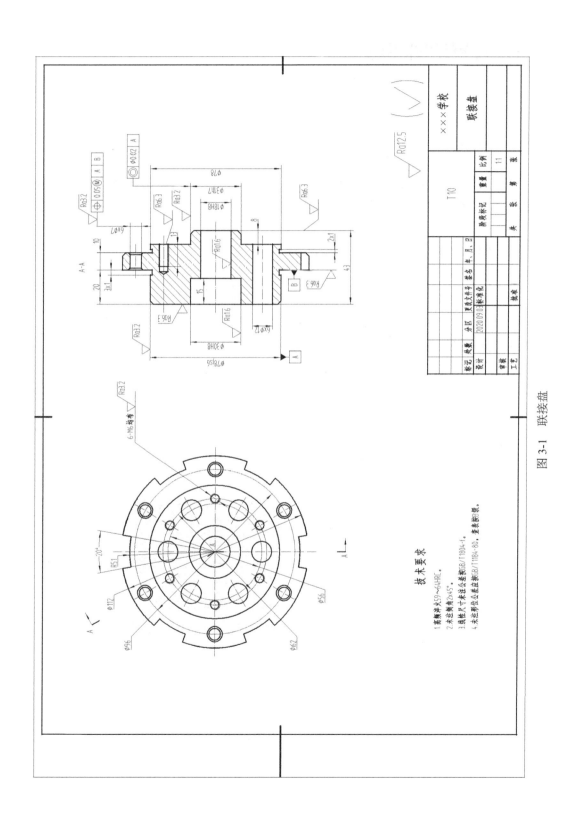

图 3-1　联接盘

# 3.1 设置绘图环境

## 3.1.1 创建文件

双击桌面上的CAXA电子图板2016图标，启动软件，选择"BLANK"模板，当前标准选择"GB"，创建一个新文件。

## 3.1.2 保存文件

单击快速启动工具栏中"保存文档"按钮，保存图形文件并命名为"联接盘"。

## 3.1.3 图幅设置

单击"图幅"选项卡→"图幅设置"按钮，或下拉"菜单"→"幅面"→"图幅设置"，在"图纸幅面"的下拉列表选择"A3"图纸幅面，"图纸方向"选择"横放"，"绘图比例"为"1∶1"，"调入图框"选择"A3A-E-Bound（CHS）"，设置完成后单击"确定"按钮，如图3-2所示。

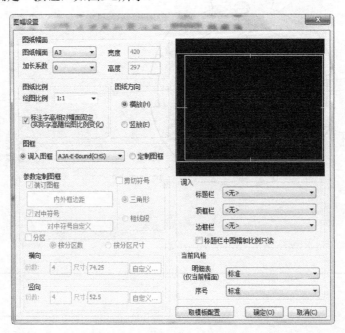

图 3-2 "联接盘"图幅设置

### 3.1.4 标题栏

**1. 调入标题栏**

单击"图幅"选项卡→"调入标题栏"按钮□或下拉"菜单"→"标题栏"→"调入标题栏"按钮，选择"GB-A（CHS）"，单击"导入"按钮。

**2. 填写标题栏**

单击"图幅"选项卡→"填写标题栏"按钮□，或下拉"菜单"→"标题栏"→"填写标题栏"，按照图3-1所示的标题栏内容填写，填写完成后，单击"确定"按钮，如图3-3所示。

图 3-3 填写"联接盘"标题栏

## 3.2 绘制图形

### 3.2.1 绘制图形基准

联接盘是回转体零件，首先确定其绘图位置，即中心线所在位置。

选择"中心线"图层作为当前图层。

应用"构造线"命令 确定主视图左端面位置和右视图水平、垂直中心线位置，如图3-4所示。

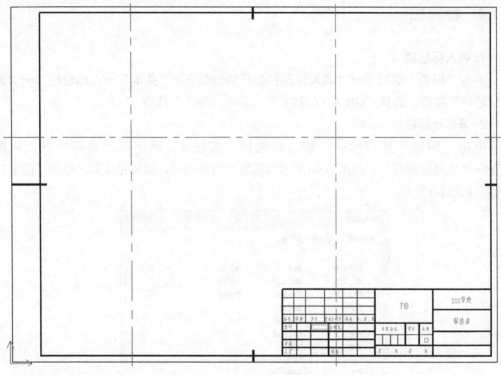

图 3-4　绘制图形基准

## 3.2.2　绘制主视图

### 1. 外轮廓线

（1）绘制主视图外轮廓的辅助线。应用"偏移"命令🔒，根据图形给出的尺寸，偏移与外形相关的构造线，如图3-5所示。

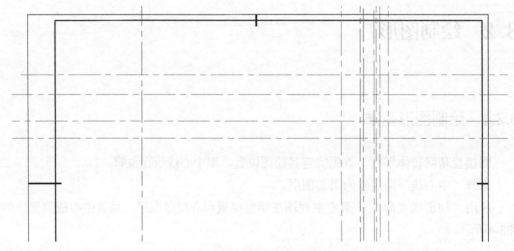

图 3-5　偏移外形构造线

（2）绘制外轮廓线。选择"粗实线"图层为当前图层，应用"直线"命令 ╱，通过捕捉交点的方式绘制外轮廓线，之后删除没用的构造线，如图3-6和图3-7所示。

（3）倒角。由图3-1可知，倒角距离为"2"，角度为"45°"，应用"倒角"命令 ◁ 绘制倒角，如图3-8所示。

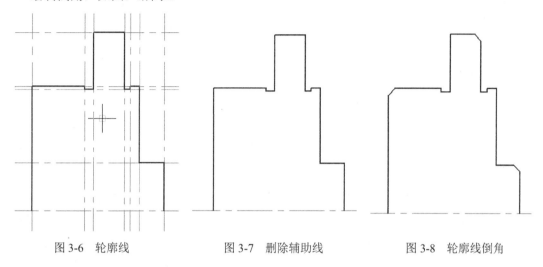

图 3-6　轮廓线　　　　　图 3-7　删除辅助线　　　　　图 3-8　轮廓线倒角

### 2. 绘制联接盘内的阶梯孔

绘制阶梯孔的辅助线。应用"偏移"命令 ◳，根据图中给出的尺寸，偏移与阶梯孔相关的构造线，如图3-9所示。删除没用的构造线，如图3-10所示。

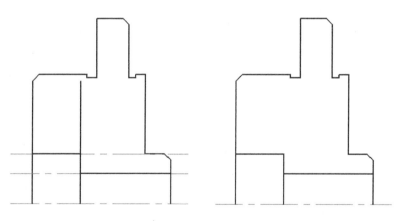

图 3-9　阶梯孔轮廓线　　　　　图 3-10　删除阶梯孔辅助线

### 3. 绘制完整的联接盘

应用"镜像"命令 ◭，绘制完整的联接盘，如图3-11所示。

### 4. 绘制光孔Φ7

（1）绘制Φ7光孔。根据图形尺寸，应用"偏移"命令 ◳ 绘制与其有关的辅助图线，如图3-12所示。应用"直线"命令 ╱ 绘制其轮廓线，用"倒角"命令 ◁ 绘制倒角，补画倒角所缺的图线并删除多余图线，如图3-13所示。

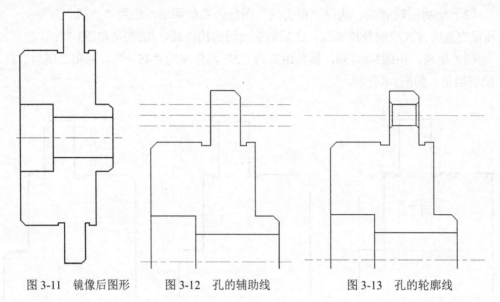

图 3-11　镜像后图形　　　图 3-12　孔的辅助线　　　图 3-13　孔的轮廓线

（2）绘制Φ12光孔。根据图形尺寸，应用"偏移"命令 📋 绘制与其有关的辅助图线，如图3-14所示。应用"直线" ／ 命令绘制其轮廓线，删除多余图线，如图3-15所示。

**5. 绘制螺纹孔**

根据图形尺寸，应用"偏移"命令 📋 绘制螺纹孔轴线辅助线，如图3-16所示。应用"提取图符"命令 📋，弹出"提取图符"对话框，如图3-17所示。双击"常用图形"，如图3-18所示。再双击"螺纹"，单击"螺纹盲孔"，如图3-19所示。单击"下一步"按钮，修改参数M6，根据螺纹的简化画法，螺纹的大径为"6"，螺孔深度为"13"，光孔深度为"13+0.5×6=16"，如图3-20所示。单击"完成"，图符定位点选择图3-16中的点1，旋转角输入"-90"，完成螺纹孔设置如图3-21所示。

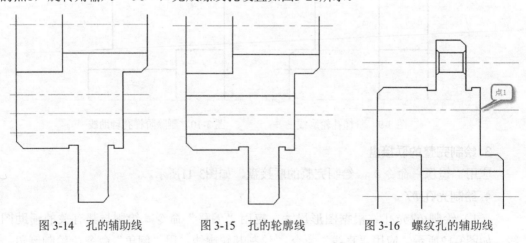

图 3-14　孔的辅助线　　　图 3-15　孔的轮廓线　　　图 3-16　螺纹孔的辅助线

图 3-17　"提取图符"对话框

图 3-18　选择"常用图形"

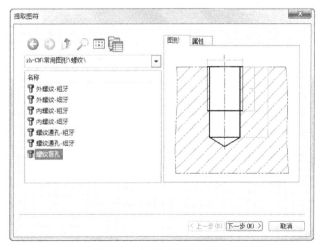

图 3-19　选择"螺纹盲孔"

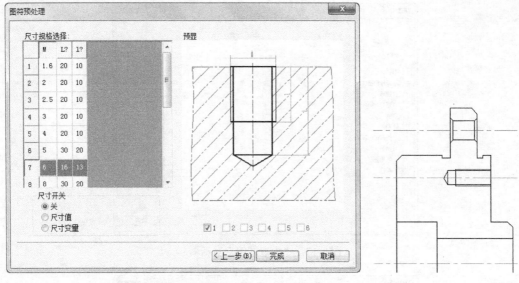

图 3-20　设置螺纹盲孔参数　　　　　　　图 3-21　输入螺纹孔参数

### 6. 绘制联接盘边缘的槽

根据图形尺寸，应用"偏移"命令 ▲ 绘制槽的辅助线，如图3-22所示。应用"直线"命令 ✐ 绘制其轮廓线，删除多余图线，如图3-23所示。

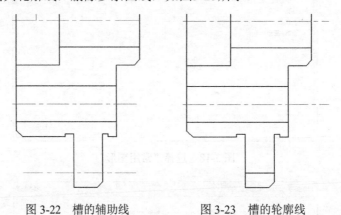

图 3-22　槽的辅助线　　　　　　图 3-23　槽的轮廓线

### 7. 填充剖面线

选择"细实线"图层为当前图层。

应用"剖面线"命令 ▨，剖面线参数如图3-24所示，剖面线填充后如图3-25所示。

注意：螺纹孔的剖切后，剖面线画到粗实线终止，如图3-26所示。

该图中心线超出轮廓线统一为"5"，修剪后的图形如图3-27所示。

| 1.拾取点 | ▾ | 2.不选择剖面图案 | ▾ | 3.非独立 | ▾ | 4.比例: | 3 | 5.角度 | 45 | 6.间距错开: | 0 | 7.允许的间隙公差 | 0.0035 |

图 3-24　"剖面线"参数设置

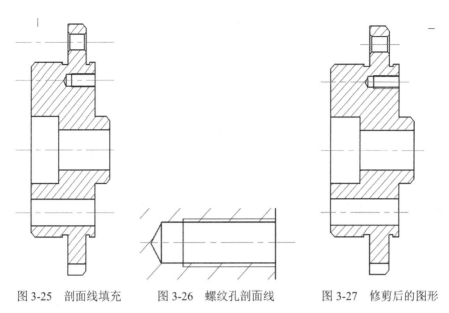

图 3-25　剖面线填充　　图 3-26　螺纹孔剖面线　　图 3-27　修剪后的图形

## 3.2.3　绘制左视图

### 1. 外轮廓线

选择"粗实线"图层为当前图层。

绘制同心圆。应用"圆"命令 ⊙，以构造线的交点为圆心，绘制直径分别为"112、78、31、18"的4个粗实线圆，如图3-28所示。

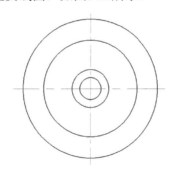

图 3-28　绘制粗实线圆

### 2. 绘制槽

选择"中心线"图层为当前图层。

应用"圆"命令 ⊙，以构造线的交点为圆心，绘制半径为"51"的圆。应用"构造线"命令 ↗，通过圆心，绘制角度分别为"80、100"的2条构造线，如图3-29所示。

选择"粗实线"图层为当前图层。

应用"直线"命令 ✎ 和"圆弧"命令 ◠，绘制槽的轮廓线，删除多余辅助线，如图3-30所示。

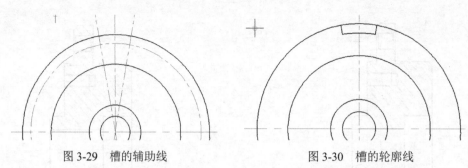

图 3-29　槽的辅助线　　　　　　　　　　　图 3-30　槽的轮廓线

应用"阵列"命令⊞，参数如图3-31所示。"拾取元素"为槽的轮廓线，"中心点"为构造线交点，得到图形如图3-32所示。修剪多余图线后，如图3-33所示。

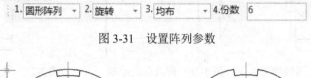

图 3-31　设置阵列参数

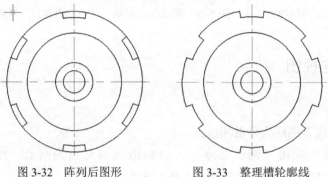

图 3-32　阵列后图形　　　　　　　　　图 3-33　整理槽轮廓线

### 3. 绘制光孔和螺纹孔定位圆

选择"中心线"图层为当前图层。

应用"圆"命令⊙，以构造线的交点为圆心，绘制直径分别为"96、62、56"的3个中心线圆，如图3-34所示。

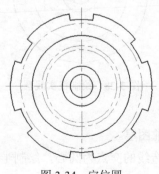

图 3-34　定位圆

### 4. 绘制φ7光孔

选择"粗实线"图层为当前图层。

应用"圆"命令⊙，绘制直径分别为"7、9"的圆，如图3-35所示。应用"阵列"命令▦，得到图形如图3-36所示。

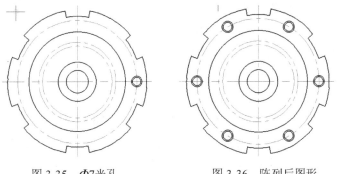

图 3-35　Φ7光孔　　　　　　图 3-36　阵列后图形

应用"圆形阵列中心线"命令▧，设置"中心线长度"为"3"，"拾取要创建环形中心线的圆形"为上面两个和下面两个Φ9的圆，如图3-37所示。

### 5. 绘制Φ12光孔

选择"粗实线"图层为当前图层。

应用"圆"命令⊙，绘制直径为"12"的圆，如图3-38所示。应用"阵列"命令▦，得到图形如图3-39所示。

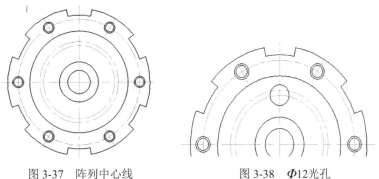

图 3-37　阵列中心线　　　　　图 3-38　Φ12光孔

应用"圆形阵列中心线"命令▧，设置"中心线长度"为"3"，"拾取要创建环形中心线的圆形"为左面两个和右面两个Φ12的圆，如图3-40所示。

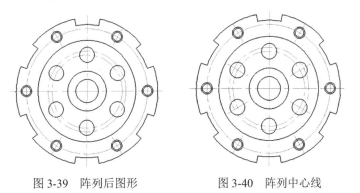

图 3-39　阵列后图形　　　　　图 3-40　阵列中心线

### 6. 绘制M6螺纹孔

（1）绘制螺纹孔大径圆。

选择"细实线"图层为当前图层。

应用"圆"命令⊙，绘制直径为"6"的细实线圆，如图3-41所示。内螺纹孔大径圆为3/4圆弧，应用"修剪"命令 ，如图3-42所示。

（2）绘制螺纹孔小径圆。

选择"粗实线"图层为当前图层。

应用"圆"命令⊙，绘制圆弧的同心圆，直径为"6×0.85=5.1"，如图3-43所示。应用"阵列"命令 ，应用"圆形阵列中心线"命令 ，设置"中心线长度"为"3"，"拾取要创建环形中心线的圆形"为上面两个和下面两个$\Phi$6的圆，如图3-44所示。

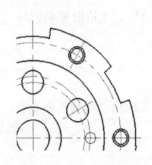
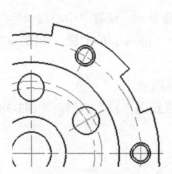
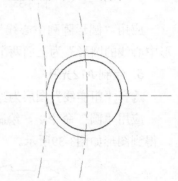

图 3-41　螺纹孔大径　　　　图 3-42　修剪螺纹孔大径　　　　图 3-43　螺纹孔小径

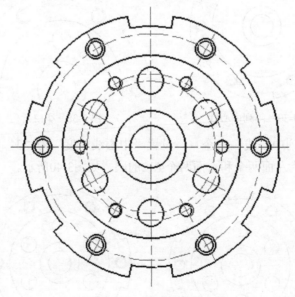

图 3-44　阵列螺纹孔

### 7. 修剪中心线

中心线超出联接盘外轮廓线的距离为"5"，修剪后如图3-45所示。

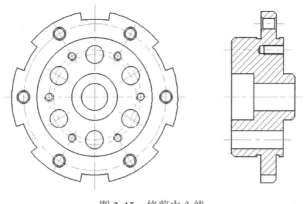

图 3-45　修剪中心线

# 3.3　标注尺寸

选择"尺寸线层"为当前图层。标注前，可根据图形情况，自行调整图形位置。

## 3.3.1　样式设置

### 1. 文本样式

应用"文本样式"命令，打开"文本风格设置"对话框，设置如图3-46所示。

图 3-46　文本样式设置

### 2. 尺寸样式

应用"尺寸样式"命令，打开"标注风格设置"对话框，设置如图3-47所示。

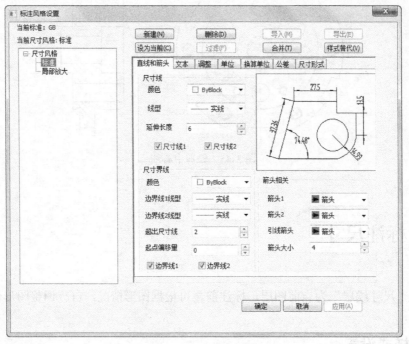

图 3-47　尺寸样式设置

新建标注样式"水平"，修改文本对齐方式为"保持水平"，设置如图3-48所示。

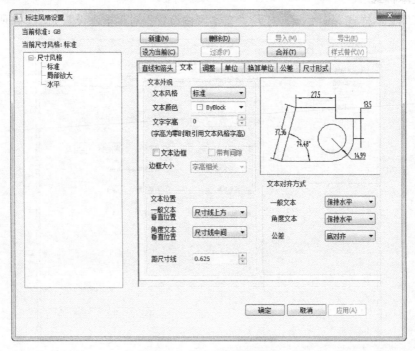

图 3-48　水平尺寸样式设置

## 3.3.2　标注线性尺寸

应用"尺寸标注"命令H，标注线性尺寸，如图3-49所示。

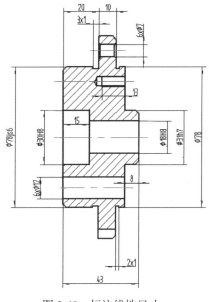

图 3-49　标注线性尺寸

## 3.3.3　标注引出半径、直径、角度尺寸

将文本对齐方式改为"水平"，标注半径、直径、角度，如图3-50所示。

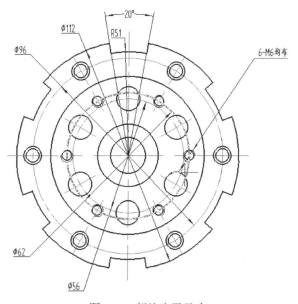

图 3-50　标注水平尺寸

### 3.3.4 标注基准符号

应用"基准代号"命令 ⚏，标注基准符号，如图3-51所示。

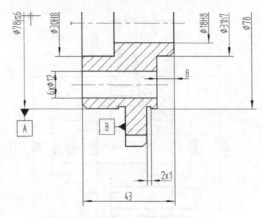

图 3-51　标注基准符号

### 3.3.5 标注形位公差

应用"形位公差"命令 ⚏，弹出"形位公差"对话框，如图3-52所示，按图3-1所示选择、填写，单击"确定"按钮，命令结束，结果如图3-53所示。

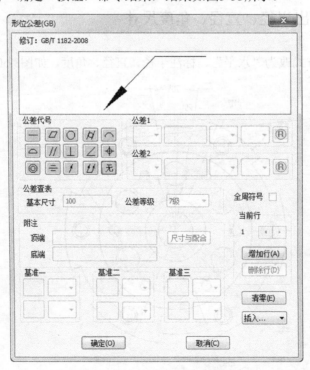

图 3-52　"形位公差"对话框

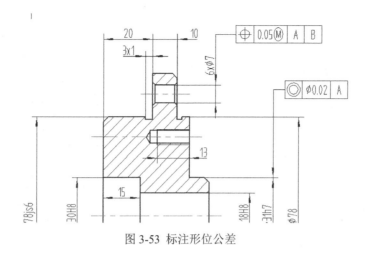

图 3-53 标注形位公差

## 3.3.6 标注表面粗糙度

应用"粗糙度"命令√，弹出"表面粗糙度"对话框，如图3-54所示。按图3-1所示填写，单击"确定"按钮，拾取定位点，结果如图3-55所示。

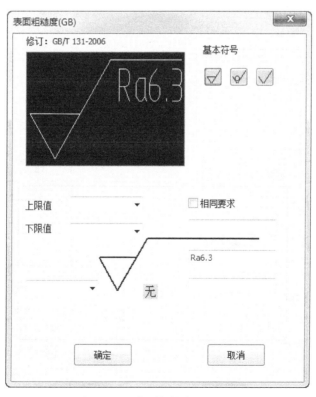

图 3-54 "表面粗糙度"对话框

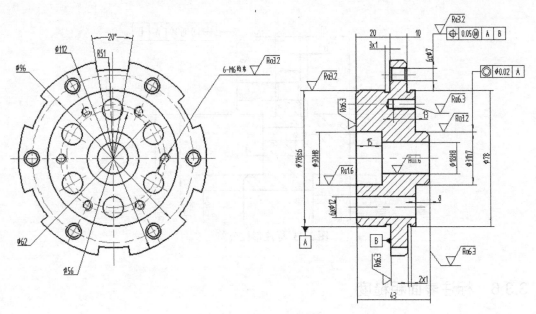

图 3-55　标注表面粗糙度

### 3.3.7　标注剖切符号

　　应用"剖切符号"命令，选择"不垂直导航""手动放置剖切符号名"，标记剖切符号，结果如图3-56所示。

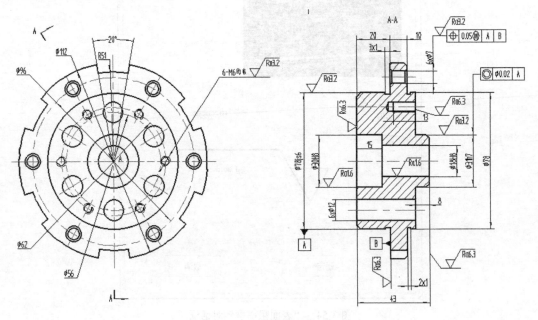

图 3-56　标记剖切符号

# 3.4 标注技术要求

应用"文字"命令 **A**，"技术要求"用7号字，其他文字用5号字。

# 3.5 保存图形文件

应用"保存"命令 📦，保存如图3-1所示的联接盘，结束任务。

# 3.6 图形练习

绘制如图3-57所示的端盖。

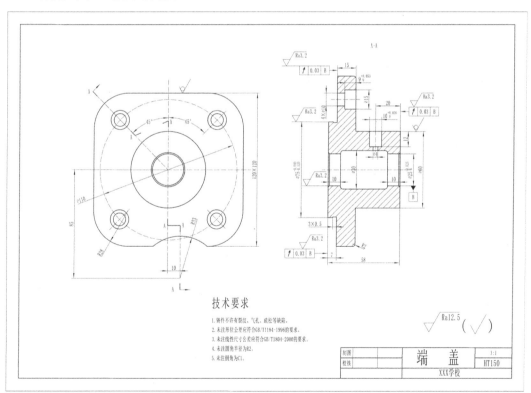

图 3-57 端盖

# 第4章　叉架类零件

叉架类零件多为形状不规则的零件，结构相对复杂，毛坯多为铸造件，一般分为工作部分、连接部分和支撑部分。其中，工作、支撑部分多为圆孔、螺孔、油槽、凸台和凹坑等结构，连接部分多为形状弯曲、扭斜的肋板结构。

**1. 视图选择**

（1）主视图：主视图通常选择以零件的工作位置安放，按形状特征确定投影方向。这是因为叉架类零件加工工序较多，在加工过程中位置多变。

（2）其他视图：由于其外形结构较为复杂，一般需要两个及两个以上的基本视图，同时多用局剖视图表达内外形状。对于叉架类零件的倾斜结构，多采用向视图、斜视图、局部视图、斜剖视图、断面图进行详细表达。

**2. 尺寸标注**

（1）基准选择：长、宽、高方向的尺寸基准一般选择安装基准面、零件对称平面、大孔的轴线或大的加工面。

（2）尺寸标注：分为定位尺寸和定形尺寸。定位尺寸一般是标注两孔的轴线间的距离、孔轴线到平面的距离或平面到平面的距离；定形尺寸采用形体分析法，分解各基本形体，逐一进行标注，保证内外结构一致。

**3. 技术要求**

（1）表面粗糙度的选择：对工作表面及基准孔的表面粗糙度要求较高，其他表面要求较低。

（2）尺寸公差的选择：基准孔及工作表面的尺寸精度分别要求为IT7-IT9级、IT5-IT10级。

（3）形位公差的选择：工作表面与基准孔之间应有形位公差要求。

绘制如图4-1所示的连杆实例。

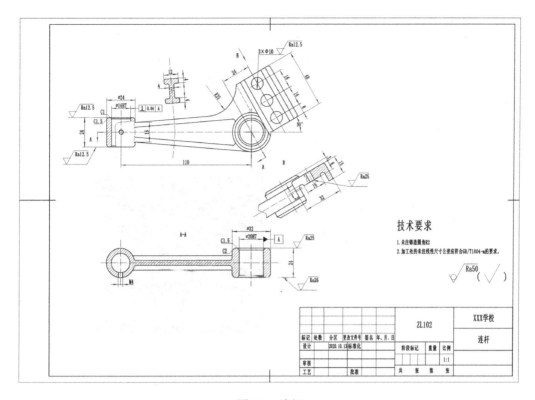

图 4-1　连杆

# 4.1　设置绘图环境

## 4.1.1　创建文件

双击桌面上的CAXA电子图板2016图标，启动软件，选择"BLANK"模板，当前标准选择"GB"，创建一个新文件。

## 4.1.2　保存文件

单击快速启动工具栏中"保存文档"按钮，保存图形文件并命名为"连杆"。

### 4.1.3 图幅设置

单击"图幅"选项卡→"图幅设置"按钮▣，或下拉"菜单"→"幅面"→"图幅设置"，在"图纸幅面"的下拉列表选择"A3"图纸幅面，图纸方向选择"横放"，绘图比例为"1∶1"，图框选择"A3A-E-Bound（CHS）"，设置完成后单击"确定"按钮，如图4-2所示。

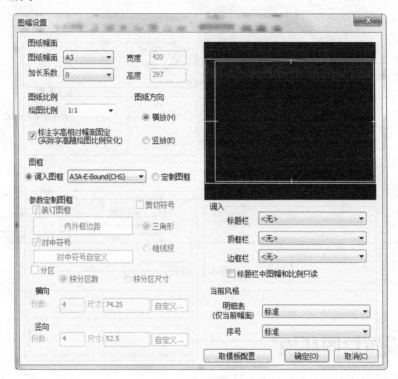

图4-2 "连杆"图幅设置

### 4.1.4 标题栏

**1. 调入标题栏**

单击"图幅"选项卡→"调入标题栏"按钮▣或下拉"菜单"→"标题栏"→"调入标题栏"，选择"GB-A（CHS）"，单击"导入"按钮。

**2. 填写标题栏**

单击"图幅"选项卡→"填写标题栏"按钮▣，或下拉"菜单"→"标题栏"→"填写标题栏"，按照图4-1所示的标题栏内容填写，填写完成后，单击"确定"按钮，如图4-3所示。

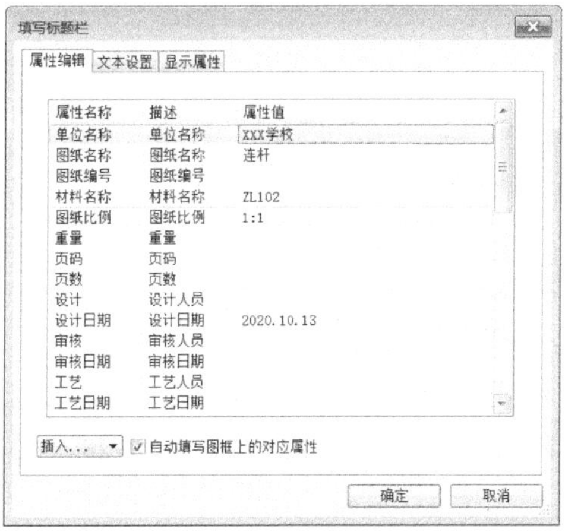

图 4-3　填写"连杆"标题栏

▶

# 4.2　绘制图形

## 4.2.1　绘制图形基准

确定其绘图位置，即中心线所在位置。

选择"中心线"图层作为当前图层。

应用"构造线"命令 ✐、"偏移"命令 ▱ 绘制中心线，确定主视图、俯视图中孔的位置，其中竖直方向的中心线的间距是110 mm，水平间距合理即可，如图4-4所示。

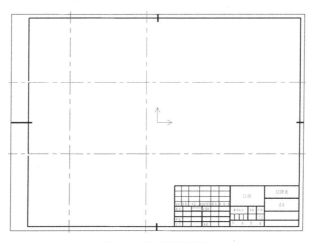

图 4-4　绘制图形基准

### 4.2.2 绘制主视图

**1. 外轮廓线**

（1）绘制主视图左端外轮廓的辅助线，应用"偏移"命令 ，其偏移距离均为 12 mm。

（2）绘制左端外轮廓线和右端的4个同心圆。

选择"粗实线"图层为当前图层。

应用"直线"命令 或"矩形"命令 ，通过捕捉绘制左端的外轮廓线；应用"圆"命令 绘制同心圆，其尺寸分别为Φ20、Φ23、Φ28、Φ32。删除没用的构造线，绘制结果如图4-5所示。

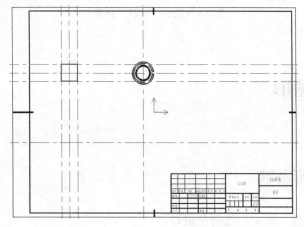

图 4-5　绘制左、右端轮廓线

（3）绘制左右端连接部分。

应用"偏移"命令 将水平中心线向下偏移8 mm，应用"直线"命令 ，通过捕捉交点及切点绘制连接线，如图4-6所示。

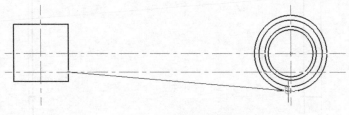

图 4-6　绘制相切连接线

（4）绘制右端矩形辅助线。

选择"中心线"图层为当前图层。

应用"构造线"命令 ，选择"角度"绘制方式绘制与水平中心线夹角分别为"30°、120°"的构造线；应用"偏移"命令 绘制与连杆右端相连的轮廓辅助线，其偏移尺寸在图示中进行提示，如图4-7所示。

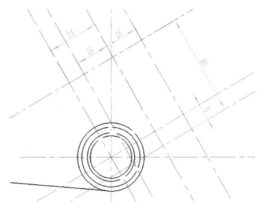

图 4-7 绘制右端矩形辅助线

（5）绘制右端矩形外轮廓线。

选择"粗实线"图层为当前图层。

应用"直线"命令✐绘制轮廓线，删除多余的构造线，如图4-8所示。

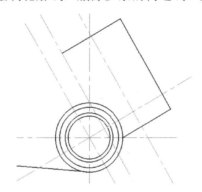

图 4-8 绘制右端矩形轮廓线

（6）绘制R25圆弧连接处轮廓线辅助线。

应用"镜像"命令⚖将连接处下侧图线镜像至上侧；应用"偏移"命令⚎偏移镜像后的直线，偏移距离为25 mm；应用"圆"命令⊙绘制Φ50的圆，其圆心为矩形左上角端点；应用"圆"命令⊙绘制Φ50圆，其圆心为偏移后直线与第1个Φ50圆的交点，如图4-9所示。

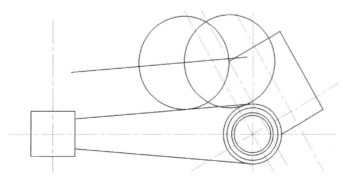

图 4-9 绘制R25圆弧轮廓线辅助线

应用"删除"命令 ◔、"修剪"命令 ⊢ 去除多余的线，成功绘制R25圆弧处连接线，如图4-10所示。

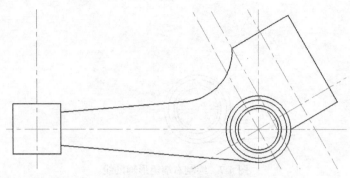

图 4-10　绘制R25圆弧连接线

### 2. 内轮廓线

（1）绘制左端Φ16孔、C1、C1.5及M4螺纹孔。

应用"偏移"命令 ◔、"直线"命令 ╱、"删除"命令 ◔、"倒角"命令 ◁、"修剪"命令 ⊢，绘制Φ16孔及内部倒角C1相关结构。在应用"倒角"命令 ◁ 绘制C1倒角时其相关设置如图4-11所示。

| 1. 长度和角度方式 ▾ | 2. 不裁剪 ▾ | 3. 长度 | 1 | 4. 角度 | 45 |

图 4-11　C1倒角命令设置

应用"圆"命令 ⊙ 绘制直径"4×0.85=3.4"的圆，选择"细实线"图层为当前图层。应用"圆"命令 ⊙ 绘制Φ6圆；应用"打断"命令 ⊡ 将其打断为3/4圆；应用样条"曲线"命令 ⌒ 绘制局剖分界线；应用"删除"命令 ◔、"修剪"命令 ⊢ 删除多余的线，如图4-12所示。

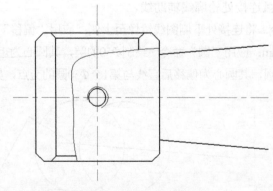

图 4-12　绘制左端内部结构

（2）绘制左右端连接处。

应用"圆弧"命令 ⌒ 绘制直线与左端的圆弧，以直线的左端为起点，在适当的位置确定圆弧的第二点和端点，绘制圆弧，如图4-13所示。应用"偏移"命令 ◔，向内偏移左右两端连接的直线，偏移距离为"4 mm"；应用"延伸"命令⊣向左右延伸偏移后的直线至方框、圆弧；应用"圆弧"命令⌒在偏移后的直线左端绘制圆弧；在右端应用"圆角"命令▢绘制圆角，半径为"2 mm"；应用"镜像"命令⚏完成中间连接处，结果如图4-14所示。

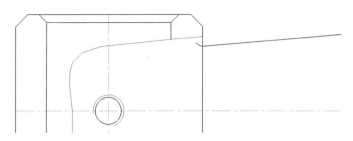

图 4-13　绘制直线左端过渡圆弧

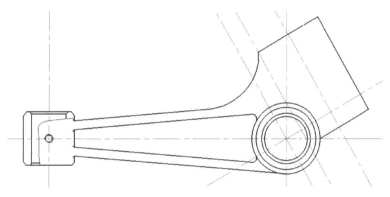

图 4-14　左右端连接处完成图

（3）绘制右端内部结构。

应用"偏移"命令⚏绘制右端内部结构的辅助线和圆孔的中心线位置，如图4-15所示。

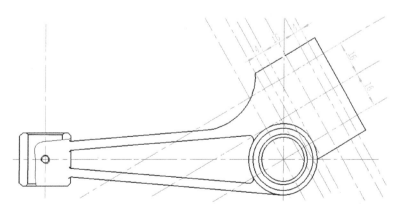

图 4-15　绘制右端内部辅助线

应用"直线"命令╱、"圆"命令⊙绘制其内部结构，如图4-16所示。

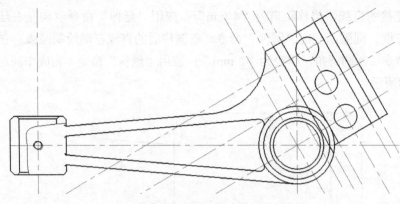

图 4-16　绘制右端内部图线

应用"修剪"命令、"圆角"命令、"删除"命令对右端内部图线进行编辑修改，圆角半径为2 mm，结果如图4-17所示。

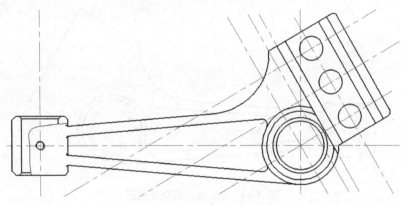

图 4-17　编辑右端内部图线

（4）绘制主视图右端不可见部分。

将"虚线"图层设为当前图层，应用"直线"命令、"圆角"命令绘制其不可见部分，并应用"删除"命令、"修剪"命令处理多余的图线及中心线，如图4-18所示。

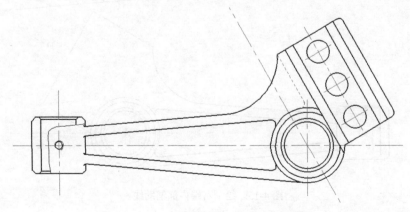

图 4-18　主视图绘制结果（未绘制剖面线）

## 4.2.3 绘制俯视图

### 1. 外轮廓线

选择"粗实线"图层为当前图层。

根据主视图与俯视图的位置关系，绘制俯视图的外轮廓线。应用"圆"命令⊙、"矩形"命令▢绘制主视图左右两端的俯视图，圆直径分别为16 mm、24 mm，矩形尺寸为32×24，如图4-19所示。

图4-19　左右两端轮廓线

根据断面图尺寸绘制左右两端中间连接部分，应用"偏移"命令▣上下偏移中心线，偏移距离分别为2 mm、6 mm，偏移后修改图线的图层并修剪，如图4-20所示。

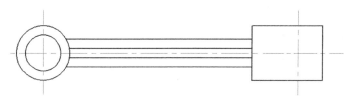

图4-20　绘制左右端连接处

### 2. 内部结构

（1）绘制M4螺纹孔。

该螺纹孔为内螺纹，大径采用细实线，小径采用粗实线，其公称直径（一般为大径）为$\Phi$4 mm，小径为0.85d，即3.4 mm。应用"偏移"命令▣、"直线"命令∕绘制螺纹孔，注意粗实线、细实线图层的选择。

（2）绘制右端$\Phi$20孔及各倒角、圆角。

应用"偏移"命令▣、"直线"命令∕绘制$\Phi$20孔，将右端竖直中心线向左右偏移10 mm；应用"倒角"命令◺、"直线"命令∕、"修剪"命令┼绘制C2、C1.5倒角，注意在绘制C1.5时选择不裁剪；圆角半径为2 mm，在使用"圆角"命令▢时可选择"裁剪始边"。内部图线绘制完成如图4-21所示。

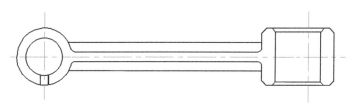

图4-21　内部图线绘制完成

### 4.2.4 绘制断面视图

选择"中心线"为当前图层。

**1. 确定中心线位置**

应用"直线"命令 ╱，辅助对象捕捉功能，在主视图合适的位置绘制断面视图的中心线，并将其延伸至主视图水平中心线，通过"镜像"命令 ⚏ 绘制中心线下方的剖切迹线，如图4-22所示。

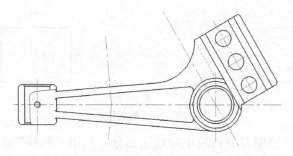

图 4-22 绘制断面视图中心线

**2. 绘制断面视图**

（1）绘制断面视图辅助线。

应用"偏移"命令 ⚏ 将连杆外轮廓线沿中心线方向偏移距离30 mm，如图4-23所示。

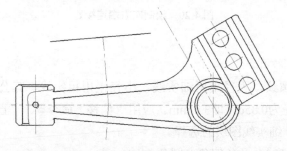

图 4-23 确定断面视图的位置

根据图形尺寸，应用"偏移"命令 ⚏ 绘制断面视图轮廓的辅助线，上下两断开部分之间的距离自定，在此设定为30 mm，如图4-24所示。

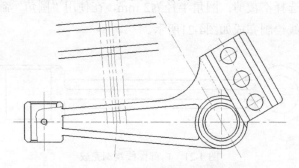

图 4-24 绘制断面视图轮廓辅助线

（2）绘制断面视图轮廓线。

选择"粗实线"图层为当前图层。

应用"直线"命令✐绘制断面视图轮廓线，应用"删除"命令✎删除多余的辅助线，如图4-25所示。

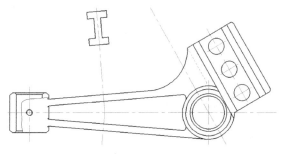

图 4-25　绘制断面图轮廓线

（3）绘制断面视图圆角和分界线。

应用"圆角"命令▱绘制圆角，圆角半径为1 mm。

选择"细实线"图层为当前图层。

应用"样条曲线"命令❤，绘制其分界线；应用"修剪"命令╈修剪多余图线和中心线，如图4-26所示。

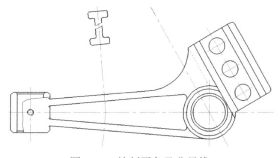

图 4-26　绘制圆角及分界线

## 4.2.5　绘制向视图

### 1. 确定向视图位置

选择"中心线"图层为当前图层。

应用"构造线"命令✐确定向视图合适的位置，构造线与水平方向的夹角为30°。

### 2. 绘制向视图图形

（1）绘制向视图轮廓辅助线。

选择"粗实线"图层为当前图层。

应用"偏移"命令▣绘制向视图轮廓辅助线，根据图纸确定各辅助线的偏移距离，具体如图4-27所示。

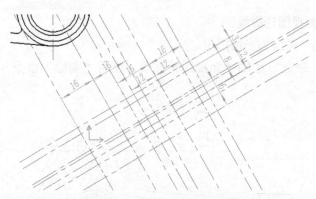

图 4-27 绘制向视图轮廓辅助线

（2）绘制向视图轮廓线。

应用"直线"命令╱捕捉交点绘制向视图轮廓线，此处图线较多，需注意尺寸及向视图与主视图之间的对应关系，细心分步处理。应用"删除"命令╲删除尺寸标注及辅助线，如图4-28所示。

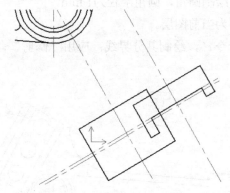

图 4-28 绘制向视图轮廓线

（3）绘制 R2 圆弧及 C2 倒角。

应用"修剪"命令┼修改两部分相交处，应用"圆"命令⊙、"直线"命令╱、"倒角"命令◁、"镜像"命令⚏绘制 R2 圆弧及 C2 倒角，如图4-29所示。

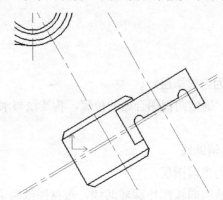

图 4-29 绘制 R2 圆弧及 C2 倒角

（4）绘制波浪线及连杆处。

应用"样条曲线"命令 ⌒、"修剪"命令 ⊢、"直线"命令 ✎、"删除"命令 ⊿ 进行绘制，注意图层的选择，如图4-30所示。

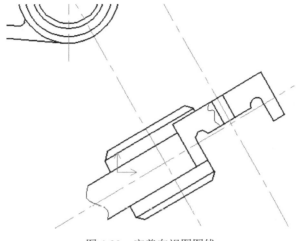

图 4-30　完善向视图图线

（5）绘制过渡线剖面线。

选择"细实线"图层为当前图层。

根据主视图及旋转剖视图中对应位置关系，在圆角与平面相交的过渡处绘制铸造过渡线，其长度自定。

应用"填充"命令 ▨，根据图示要求，填充各视图的剖面线，图案选择"ANSI31"，比例选择"0.5"，角度为"0°"。

（6）检查图形，修改中心线。

应用"修剪"等命令，检查图形有无多余图线，将中心线修改至合适的长度，如图4-31所示。

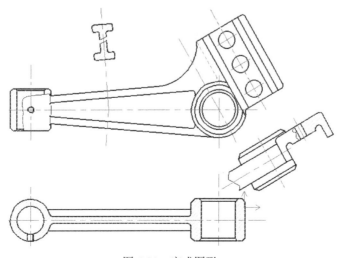

图 4-31　完成图形

# 4.3 标注尺寸

选择"尺寸线"图层为当前图层。

在标注之前，可根据标注需要、图形情况适当调整其位置。

## 4.3.1 标注线性尺寸

（1）应用"线性标注"命令⊓，标注线性尺寸，如图4-32所示。

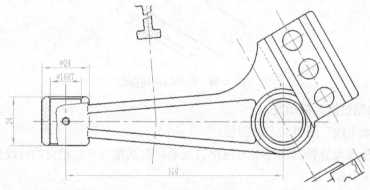

图 4-32 线性标注举例

（2）应用"对齐标注"命令，标注对齐尺寸。对齐尺寸是标注的起点和终点的连线平行于所标注的轮廓线，在标注时可适当放大图形，辅助对象捕捉功能更准确地进行标注，如图4-33所示。

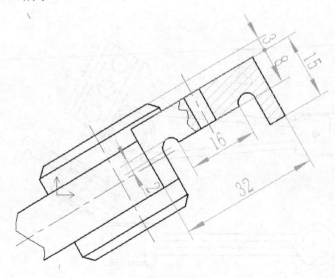

图 4-33 对齐标注举例

## 4.3.2　标注倒角

应用"倒角标注"命令 ⌐，标注主视图和旋转剖视图的倒角尺寸，如图4-34所示。

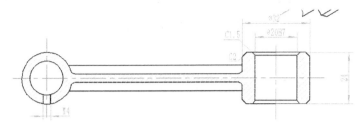

图 4-34　倒角标注举例

## 4.3.3　标注半径、直径、角度尺寸

（1）应用"半径标注"命令 ⊙、"直径标注"命令 ⊘ 对主视图的半径、直径进行标注，如图4-35所示。

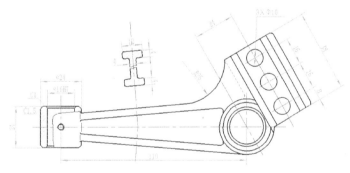

图 4-35　半径、直径标注

（2）应用"角度标注"命令 △ 标注主视图的角度尺寸，其设置参数如图4-36所示。

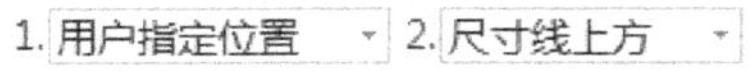

1. 用户指定位置　▾　2. 尺寸线上方　▾

图 4-36　设置"角度标注"

## 4.3.4　标注基准代号

应用"基准代号"命令 ▣ 标注基准符号，其参数设置如图4-37所示。选中该基准符号，右击选择"特性"命令，修改箭头为"实心基准三角形"，绘制结果如图4-38所示。

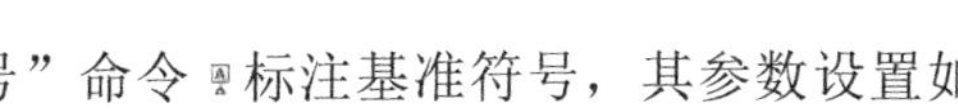

1. 基准标注　▾　2. 任选基准　▾　3. 基准名称　　D

图 4-37　设置"基准代号"参数

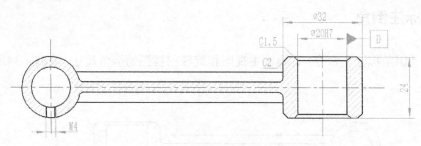

图 4-38　标注"基准代号"

## 4.3.5　标注形位公差

应用"形位公差"命令 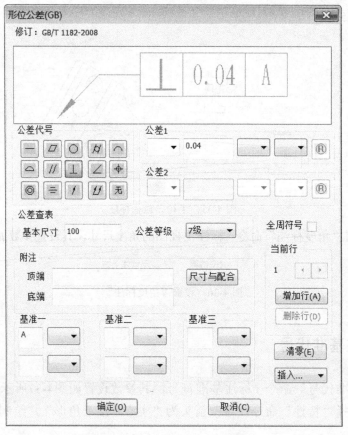 标注该图中垂直度，其参数设置如图4-39所示。根据命令提示，完成形位公差标注，可根据整体布局通过"特性"快捷命令修改标注比例，结果如图4-40所示。

图 4-39　"形位公差"参数设置

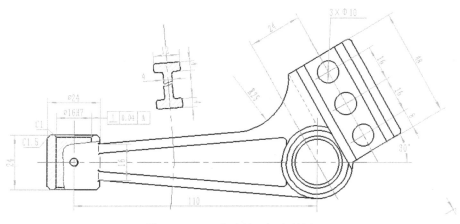

图 4-40 "形位公差"标注举例

## 4.3.6 标注表面粗糙度

应用"粗糙度"命令√标注"表面粗糙度",选择"标准标注"系统自动弹出"表面粗糙度"对话框,其参数设置如图4-41所示,逐个标注表面粗糙度,不要遗漏,结果如图4-42所示。

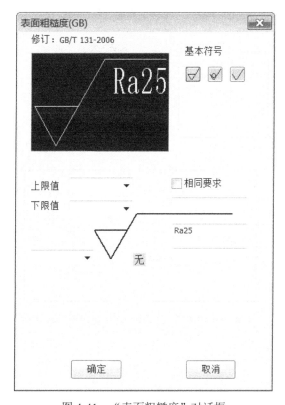

图 4-41 "表面粗糙度"对话框

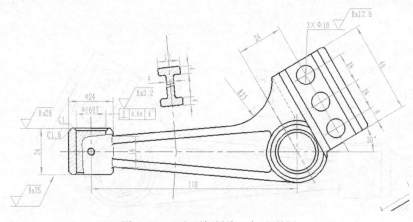

图 4-42    "表面粗糙度"标注举例

### 4.3.7　标注剖视图和向视图符号

应用"剖切符号"命令⠟对旋转剖视图进行标注，应用"向视符号"命令⠵对向视图进行标注，相关参数设置如图4-43、图4-44所示，结果如图4-45所示。

| 1. | 不垂直导航 | ▼ | 2. | 自动放置剖切符号名 | ▼ |

图 4-43    "旋转剖视图"标注参数

| 1.标注文本 | B | 2.字高 | 3.5 | 3.箭头大小 | 4 | 4. | 不旋转 | ▼ |

图 4-44    "向视图"标注参数

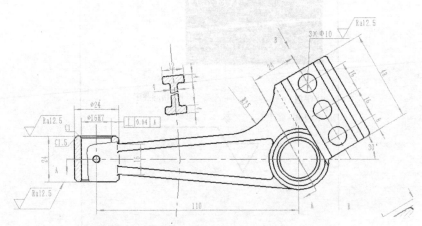

图 4-45    "旋转剖视图"和"向视图"标注

# 4.4 标注技术要求

应用"技术要求"命令 ，在"技术要求库"选择正确的技术要求，若要求库中无用户需要的技术要求，可由用户自行输入。标题设置中"技术要求"字号设置为"7"，对齐方式为"左上对齐"；正文设置中字号设置为"3.5"，对齐方式为"左上对齐"，如图4-46所示。

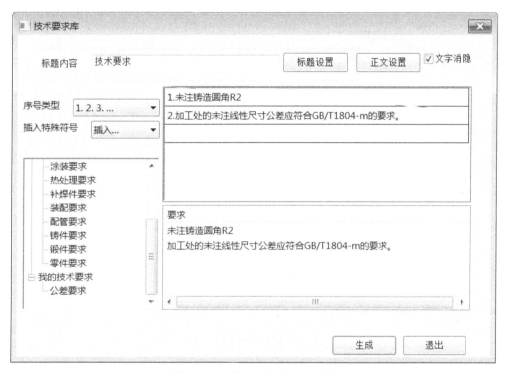

图 4-46 "技术要求库"对话框

# 4.5 保存图形文件

应用"保存"命令 将如图4-1所示的连杆文件进行保存，结束该任务。

# 4.6  图形练习

绘制如图4-47所示的支架。

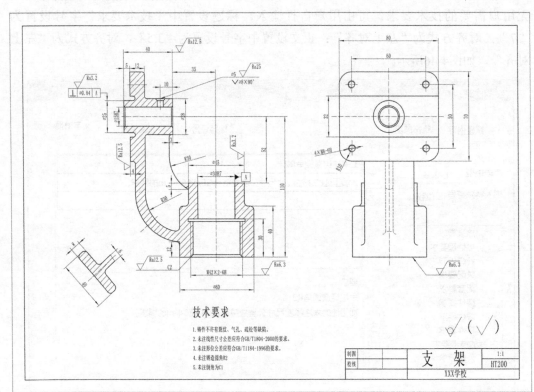

图 4-47 支架

# 第5章　箱体类零件

箱体类零件主要是用来支承、包容其他零件，内外结构都比较复杂，一般为铸造件，泵体、阀体、减速器的箱体等都属于这类零件。

### 1. 视图选择

（1）主视图：尽管箱体类零件形状复杂，加工工序较多，加工位置不尽相同，但箱体在机器中的工作位置是固定的，因此，箱体的主视图常常用于反映其工作状态及形状特征。为了清晰地表达内部结构，常采用剖视的方法。

（2）其他视图：除主视图外，常常会用到多个其他视图和不同的表达方法，补充主视图在表达上的不足，而且每个视图都有表达的侧重点。

### 2. 尺寸标注

（1）基准选择：确定箱体类零件长、宽、高三个方向的主要基准时，应尽量减少箱体在加工时的装夹次数，通常选择箱体的安装面、设计要求的轴线、与其他零件的结合面、箱体的对称面及端面等作为基准。

（2）尺寸标注：按照设计要求、功能尺寸直接标注，按照结构分析和形体分析方法标注出每个结构的非功能尺寸（包括定形尺寸和定位尺寸）。

### 3. 技术要求

（1）作为基准的主要平面应有较高的平面度和较小的表面粗糙度。

（2）轴承的支撑孔的尺寸精度、形状精度和表面粗糙度有较高的要求；用于定位的端面，表面粗糙度有较高要求。

（3）同一轴线的孔应有一定的同轴度要求，各支撑孔之间应有一定的孔距尺寸精度及平行度要求。

绘制如图5-1所示的箱体。

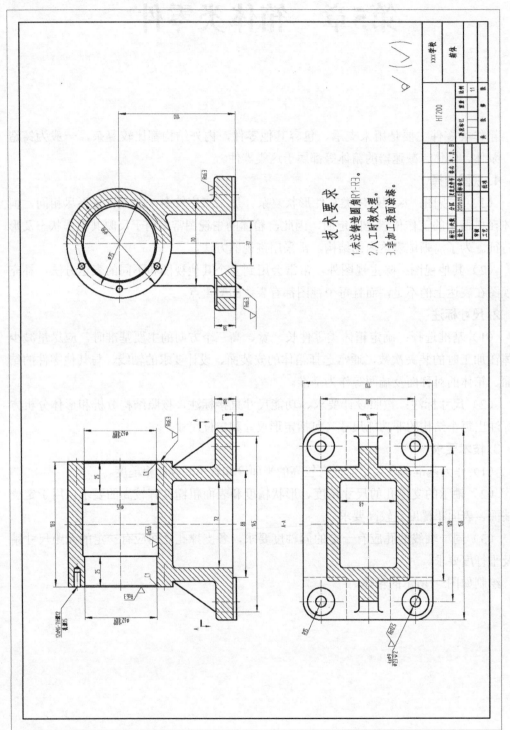

图 5-1　箱体

# 5.1 设置绘图环境

## 5.1.1 创建文件

双击桌面上的CAXA电子图板2016图标，启动软件，选择"BLANK"模板，当前标准选择"GB"，创建一个新文件。

## 5.1.2 保存文件

单击快速启动工具栏中"保存文档"按钮，保存图形文件并命名为"箱体"。

## 5.1.3 图幅设置

单击"图幅"选项卡→"图幅设置"按钮，或下拉"菜单"→"幅面"→"图幅设置"，在"图纸幅面"的下拉列表选择"A2"图纸幅面，图纸方向选择"横放"，绘图比例为"1：1"，图框选择"A2A-E-Bound（CHS）"，设置完成后单击"确定"按钮，如图5-2所示。

图 5-2 "箱体"图幅设置

### 5.1.4 标题栏

**1. 调入标题栏**

单击"图幅"选项卡→"调入标题栏"按钮▦或下拉"菜单"→"标题栏"→"调入标题栏",选择"GB-A（CHS）",单击"导入"按钮。

**2. 填写标题栏**

单击"图幅"选项卡→"填写标题栏"按钮▦,或下拉"菜单"→"标题栏"→"填写标题栏",按照图5-1所示的标题栏内容填写,填写完成后,单击"确定"按钮,如图5-3所示。

图 5-3 填写"箱体"标题栏

## 5.2 绘制图形

### 5.2.1 绘制图形基准

箱体前后、左右对称,首先确定其绘图位置,即对称面所在位置。

选择"中心线"图主视图层为当前图层。

应用"构造线"命令▨,确定主视图、俯视图和左视图的对称面及底面位置,如图5-4所示。

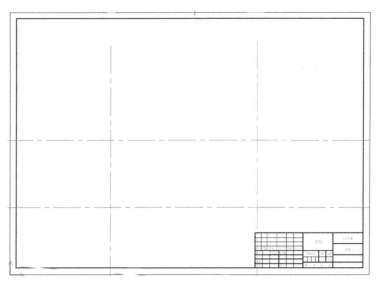

图 5-4　确定图形基准

## 5.2.2　绘制底座轮廓线

**1. 绘制底座部分外轮廓的辅助线**

应用"偏移"命令🖻，根据图形尺寸，偏移与底座外形相关的构造线。

**2. 绘制底座的外轮廓线**

选择"粗实线"图层为当前图层。

绘制主视图、俯视图和左视图的底座部分。应用"矩形"命令□，捕捉交点绘制直线，如图5-5所示，应用"删除"命令🖉删除多余辅助图形。

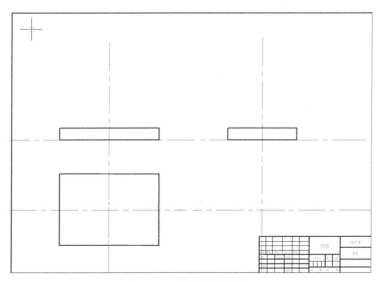

图 5-5　绘制底座轮廓线

### 5.2.3　绘制箱体上部圆筒外轮廓线

**1. 绘制箱体上部圆筒外轮廓的辅助线**

应用"偏移"命令 △，根据图形给出的尺寸，偏移与圆筒外形相关的构造线。

**2. 绘制箱体上部圆筒的外轮廓线**

应用"矩形"命令 □ 和"圆形"命令 ⊙，捕捉交点绘制圆筒图线，如图5-6所示。应用"删除"命令 ﹨ 删除多余辅助图形。

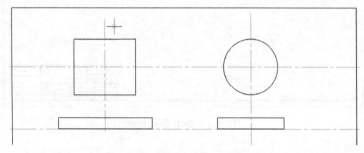

图 5-6　绘制上部圆筒外轮廓线

### 5.2.4　绘制箱体中部连接体外轮廓线

**1. 绘制箱体中部连接体外轮廓的辅助线**

应用"偏移"命令 △，根据图形给出的尺寸，偏移与连接体相关的构造线。

**2. 绘制箱体中部连接体的外轮廓线**

应用"矩形"命令 □ 和"直线"命令 ∕，捕捉交点绘制连接体图线，如图5-7所示。应用"删除"命令 ﹨ 删除多余辅助图形。

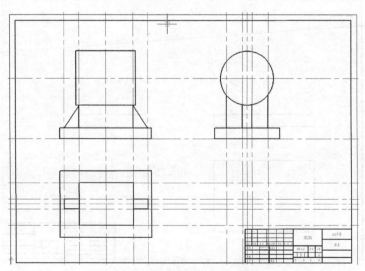

图 5-7　绘制中部连接体轮廓线

## 5.2.5 绘制箱体内部图形

### 1. 绘制主视图内部图线

主视图采用全剖视图表达。

（1）绘制底座底部通槽。

左右、前后的通槽深度都是"3"，前后通槽槽长"88"，应用"偏移"命令 ⬚，偏移相关构造线，再应用"直线"命令 ╱ 绘制图形如图5-8所示。应用"删除"命令 ⬚ 删除多余辅助图形。

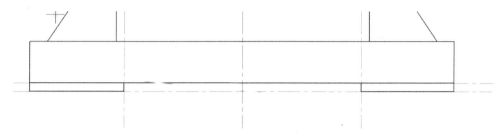

图 5-8　绘制箱体底座底部通槽图线

（2）绘制箱体上部圆筒内孔图线。

圆筒内孔从左至右的直径分别是 $\Phi62$、$\Phi65$、$\Phi62$，左侧孔和右侧孔深度都是"25"，应用"偏移"命令 ⬚ 偏移相关构造线，再应用"直线"命令 ╱ 绘制图形如图5-9所示。应用"删除"命令 ⬚ 删除多余辅助图形。

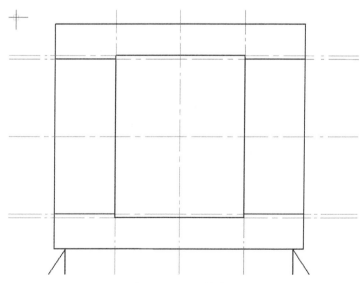

图 5-9　绘制圆筒内孔图线

圆筒左右两个端面的孔有倒角，应用"倒角"命令 ⬚ 绘制倒角，倒角距离是"1"，修剪模式为"不修剪"，应用"修剪"命令 ⬚ 对其进行修剪，应用"直线"命令 ╱，绘制倒角后生成的直线如图5-10所示。

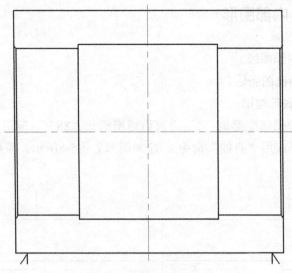

图5-10　绘制圆筒端面孔的倒角

绘制圆筒左右端面均匀分布的M6螺纹孔，共12个，螺纹孔深度为"12"，光孔深度为"15"，锥顶角为"120°"，大径为细实线，小径为粗实线，如图5-11所示。

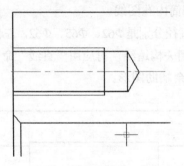

图5-11　绘制螺纹孔

（3）绘制箱体中部连接体内槽，槽长为"72"，应用"偏移"命令，偏移相关构造线，再应用"直线"命令和"修剪"命令，得到如图5-12所示的图形。应用"删除"命令删除多余辅助图形。

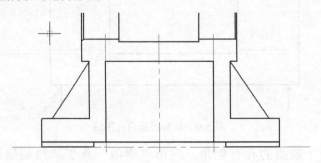

图5-12　绘制箱体中部连接体内槽图线

应用"圆角"命令□绘制底板圆角，半径为"3"，绘制圆筒内部圆角，半径为"1"。应用"镜像"命令⚠️绘制螺纹孔端面的中心线，中心线超出轮廓线距离为"3"。应用"直线"命令✓绘制底板安装孔中心线，如图5-13所示。

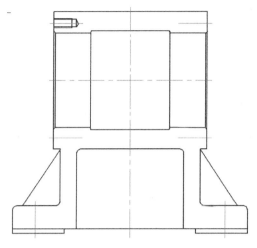

图 5-13　绘制圆角、中心线

### 2. 绘制左视图内部图线

左视图采用半剖视图表达，左侧画外形，右侧画内部结构。

（1）绘制箱体上部圆筒内部图线。

应用"圆形"命令⊙绘制圆筒端面孔直径为"62"的圆，应用"偏移"命令⚒️，绘制倒角为"1"的倒角圆，如图5-14所示。

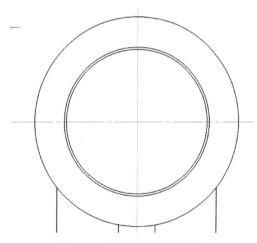

图 5-14　绘制圆筒端面的孔

绘制圆筒端面均匀分布的螺纹孔，定位尺寸"Φ75"，应用"圆形"命令⊙以直径为"75"的圆与水平中心线左侧的交点为圆心绘制螺纹孔，螺孔大径为"6"的细实线圆。应用"打断"命令□将其打断为3/4圆弧，小径是直径为"6×0.85=5.1"的粗实线圆，如图5-15所示。

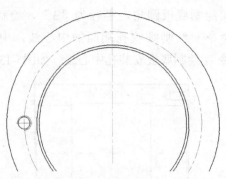

图 5-15　绘制螺孔

应用"旋转"命令⊙，将螺孔绕圆筒端面中心旋转"-60°"，如图5-16所示。

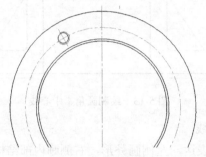

图 5-16　旋转螺孔

应用"阵列"命令▦，阵列螺孔，如图5-17所示。

编辑水平螺孔的水平中心线长度。由于是半剖视图，应用"修剪"命令╳修剪倒角圆右侧多余图线，应用"圆形"命令⊙补画左侧剖切位置的$\Phi$65圆，如图5-18所示。

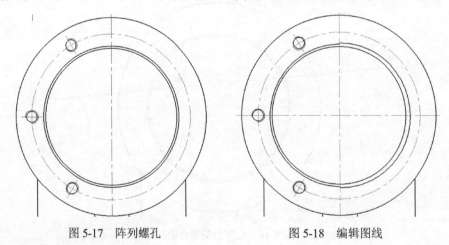

图 5-17　阵列螺孔　　　　　　　　　　图 5-18　编辑图线

（2）绘制箱体底板图线

应用"偏移"命令▱偏移相关图线，绘制底板底部通槽，深度为"3"，宽度为"37"。应用"直线"命令╱绘制通槽图线，如图5-19所示。应用"修剪"命令╳修剪多余图线。应用"删除"命令▨删除多余辅助图形。

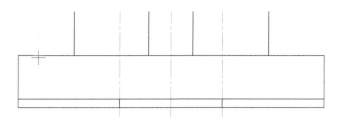

图 5-19　绘制底板底部通槽

绘制底板安装孔，应用"样条曲线"命令 ↗ 绘制波浪线，确定视图与剖视部分的分界线，波浪线为细实线。为保证图形的封闭性，通常样条曲线要超出轮廓线一些，如图5-20所示。应用"修剪"命令 ⊁ 去除多余图线。

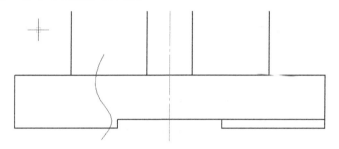

图 5-20　绘制波浪线

绘制安装孔，孔直径为"23"，深度为"2"，通孔直径为"9"。应用"偏移"命令 ⬒ 偏移相关图线。应用"直线"命令 ╱ 绘制安装孔轮廓线，如图5-21所示。应用"删除"命令 ⬚ 删除多余辅助图线。

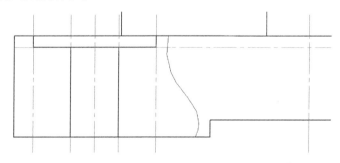

图 5-21　绘制安装孔轮廓线

应用"中心线"命令 ╱ 绘制安装孔中心线，应用"镜像"命令 ⊿ 绘制中心线的右侧对称线，如图5-22所示。

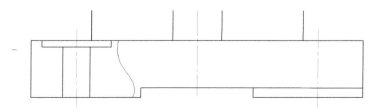

图 5-22　绘制安装孔中心线

（3）绘制箱体中部连接体图线。

应用"偏移"命令，绘制连接体内部腔体图线，腔体宽度为"48"，偏移距离为"24"。应用"修剪"命令、"删除"命令去除多余图线，如图5-23所示。

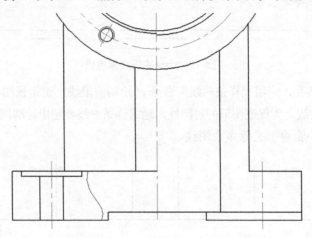

图 5-23　绘制连接体腔体图线

应用"圆角"命令，圆角半径为"3"，安装孔内圆角为"1"，如图5-24所示。

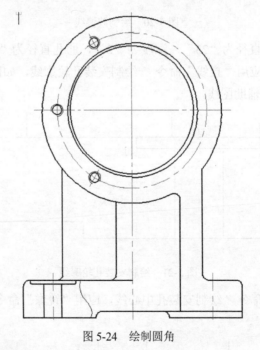

图 5-24　绘制圆角

## 3. 绘制俯视图内部图线

（1）绘制箱体底板图线。

应用"偏移"命令绘制底板底部通槽，前后通槽长度为"88"，左右通槽宽度为"37"。应用"直线"命令绘制通槽图线，注意通槽不可见，将图层转换为"虚线层"。应用"删除"命令删除多余辅助图线，如图5-25所示。

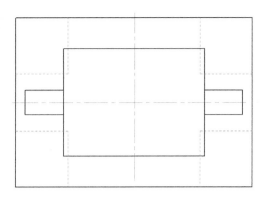

图 5-25　绘制底板通槽

应用"多圆角"命令◁绘制底板圆角，半径为"15"，如图5-26所示。

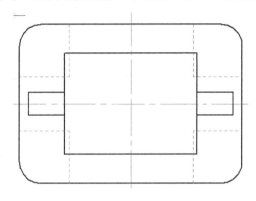

图 5-26　绘制底板圆角

应用"偏移"命令≜，绘制底板安装孔，根据安装孔的定位尺寸，偏移安装孔的中心线，长度和宽度的定位尺寸为"128、80"，先偏移左后方的一个安装孔的十字中心线；应用"圆形"命令⊙，以十字中心线交点为圆心绘制安装孔的圆，直径尺寸为"23、9"；应用"删除"命令✎删除安装孔的中心线；应用"中心线"命令╱重新绘制安装孔十字中心线，选择圆角的圆弧即可，如图5-27所示。应用两次"镜像"命令⚐绘制其他3个安装孔，如图5-28所示。

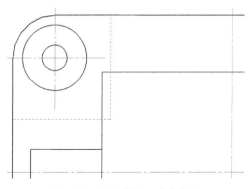

图 5-27　绘制底板一个安装孔

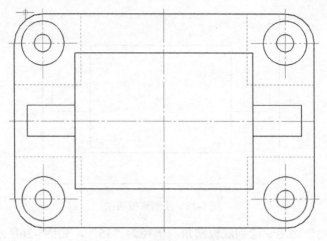

图 5-28　绘制底板其他安装孔

（2）绘制箱体中部连接体内部图线。

连接体内部是腔体，腔体左右和前后尺寸为"72、48"。应用"偏移"命令，偏移相关构造线；应用"矩形"命令绘制箱体图线，如图5-29所示。应用"删除"命令删除多余辅助图线。

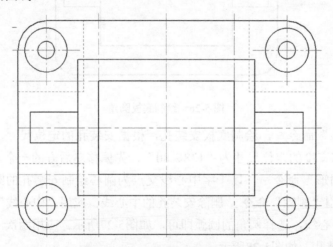

图 5-29　绘制连接体腔体内部图线

绘制连接体左侧三角形筋板，俯视图是剖视图，需要确定剖切位置。应用"构造线"命令在主视图绘制水平剖切面位置，同时绘制出筋板在俯视图的剖切位置；应用"直线"命令在俯视图中绘制筋板剖切后的可见轮廓线，如图5-30所示。应用"删除"命令删除多余辅助图线，注意主视图水平剖切位置的构造线保留，留作绘制剖切符号时的参考。

绘制筋板过渡线，箱体是铸造零件，有铸造圆角，需要绘制过渡线。过渡线用细实线绘制，将图5-31中选中的图线转换为"细实线"；应用"直线"命令在过渡线的端点绘制长度为"4"的直线，如图5-32所示；应用"圆角"命令，绘制过渡线圆角，半径为"3"，如图5-33所示；同样操作绘制下部过渡线圆角；应用"镜像"命令⚖绘制右侧筋板过渡线，如图5-34所示。应用"修剪"命令⊹、"删除"命令✎去除多余图线。

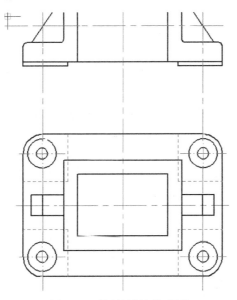

图 5-30　绘制筋板剖切图线

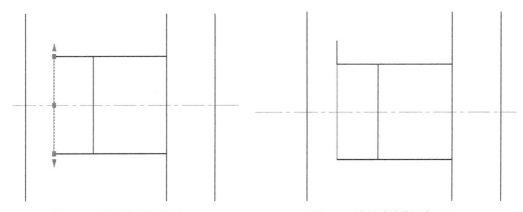

图 5-31　过渡线转换图层　　　　　　图5-32　绘制过渡线圆角（1）

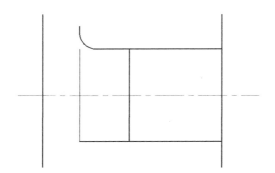

图5-33　绘制过渡线圆角（2）

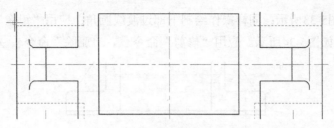

图5-34　绘制过渡线圆角（3）

应用"圆角"命令□绘制连接体铸造圆角，半径为"3"，如图5-35所示。

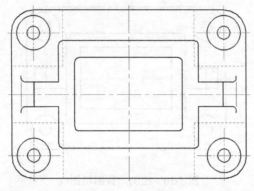

图 5-35　绘制圆角

## 5.2.6　绘制中心线

应用"删除"命令✎去除图形基准线，应用"中心线"命令╱绘制图形中心线，如图5-36所示。

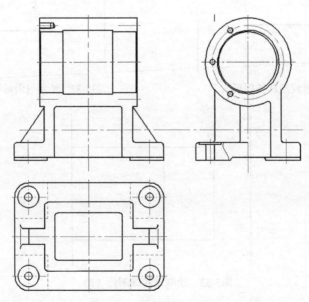

图 5-36　绘制视图中心线

### 5.2.7 填充剖面线

选择"细实线"图层为当前图层。

应用"剖面线"命令▨填充剖面线，如图5-37所示。

注意：螺孔剖切后，剖面线画到粗实线终止。同一图形多个区域需要绘制剖面线时应分别绘制，以免后期修改麻烦。

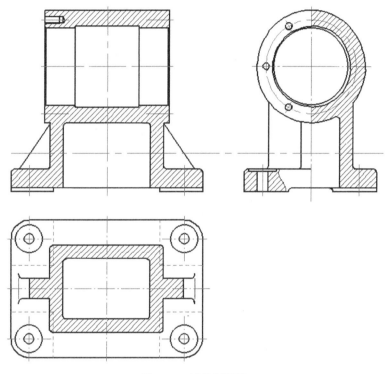

图 5-37 填充剖面线

# 5.3 标注尺寸

选择"尺寸线层"为当前图层。

标注前，可根据图形情况自行调整图形位置。

### 5.3.1 样式设置

#### 1. 文字样式

应用"文本样式"命令A打开"文本风格设置"对话框，设置如图5-38所示。

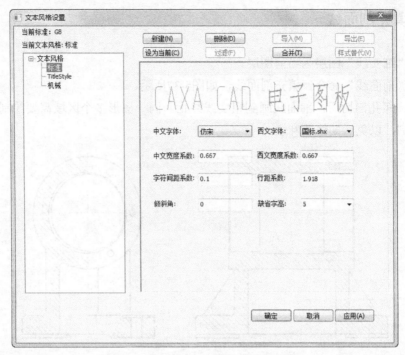

图 5-38　文本样式设置

## 2. 尺寸样式

应用"尺寸样式"命令，打开"标注风格设置"对话框，设置如图5-39所示。

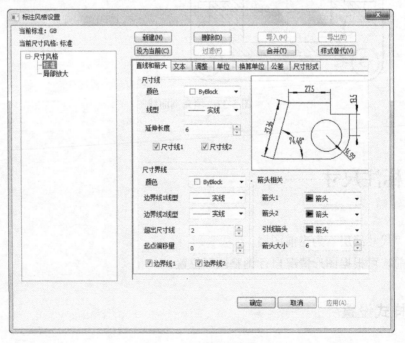

图5-39　尺寸样式设置

新建标注样式"水平"，修改文本对齐方式为"保持水平"，设置如图5-40所示。

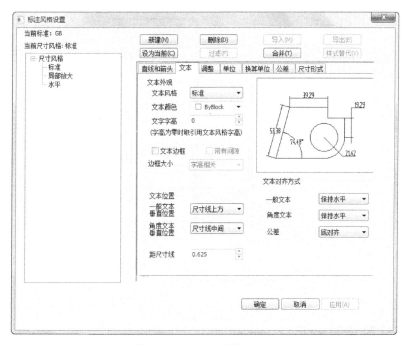

图 5-40　水平尺寸样式设置

## 5.3.2　标注线性尺寸

应用"尺寸标注"命令┗标注线性尺寸。

带有上下偏差尺寸的标注在确定标注位置端点后，单击鼠标右键弹出"尺寸标注属性设置"对话框，按照如图5-41所示的尺寸进行填写，单击"确定"按钮，结果如图5-42所示。

图 5-41　填写尺寸标注属性

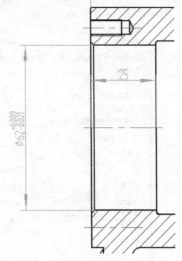

图 5-42　带有偏差的尺寸标注

### 5.3.3　标注阶梯孔的尺寸

　　将当前标注样式改为"水平"，应用"孔标注"命令 标注底板阶梯孔的尺寸。拾取标注圆弧后，单击鼠标右键弹出"孔标注"对话框，按照如图5-43所示的尺寸进行填写，单击"确定"按钮，结果如图5-44所示。

图 5-43　填写尺寸标注属性

R15
4xφ9
φ23↧2

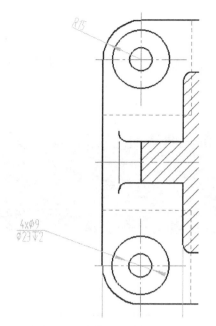

图 5-44　阶梯孔尺寸标注

## 5.3.4　标注倒角

应用“倒角标注”命令标注倒角，输入参数如图5-45所示，选择倒角线、定位点，结果如图5-46所示。

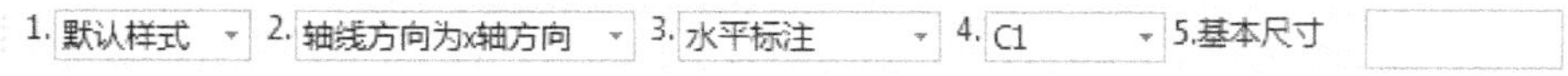

1. 默认样式
2. 轴线方向为x轴方向
3. 水平标注
4. C1
5.基本尺寸

图 5-45　倒角参数

C1

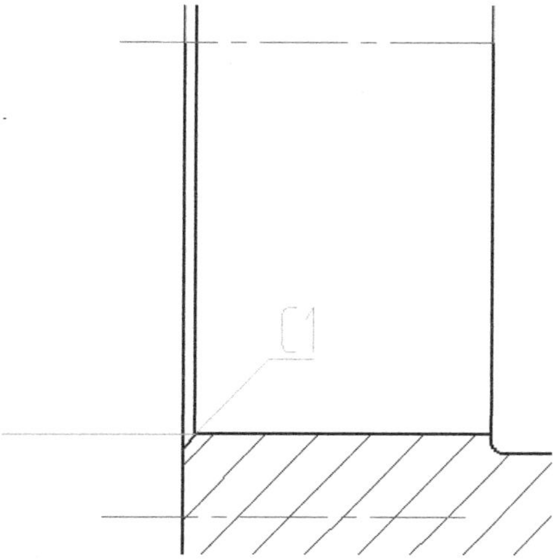

图 5-46　倒角标注

### 5.3.5 标注螺纹孔

应用"引出说明"命令 $^A$ 标注螺纹孔尺寸，弹出"引出说明"对话框，输入参数如图5-47所示，选择螺纹孔端面与中心线交点，结果如图5-48所示。

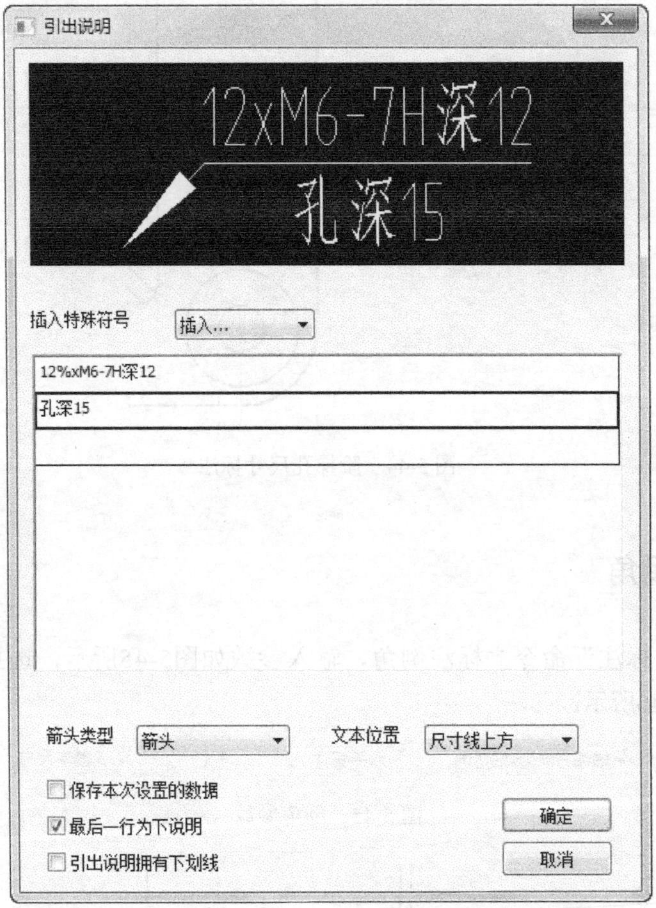

图 5-47　填写"引出说明"参数

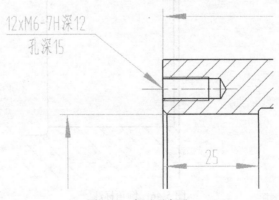

图 5-48　螺纹孔标注

### 5.3.6 标注表面粗糙度

应用"粗糙度"命令√，弹出"表面粗糙度"对话框，输入参数如图5-49所示，单击"确定"按钮，指定粗糙度插入的位置，结果如图5-50所示。

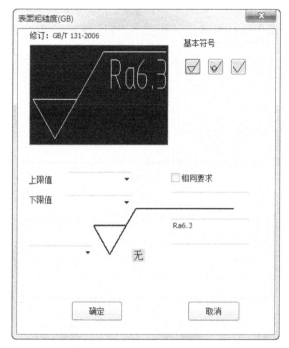

图 5-49 输入"表面粗糙度"参数

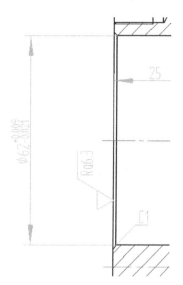

图 5-50 表面粗糙度标注

## 5.3.7 标注剖切符号

应用"剖切符号"命令➿，在剖切位置辅助线上选择剖切符号的放置位置，单击鼠标右键切换剖切方向，指定剖切面名称A、A-A标注点，如图5-51所示。删除剖切位置辅助线。

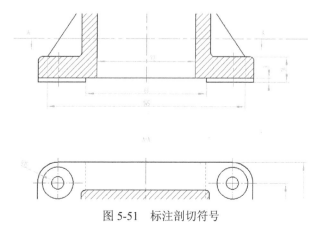

图 5-51 标注剖切符号

## 5.4 标注技术要求

应用"文字"命令 **A**，"技术要求"用10号字，其他文字用7号字。

## 5.5 保存图形文件

应用"保存"命令 保存如图5-1所示的箱体，结束任务。

## 5.6 图形练习

绘制如图5-52所示的阀体。

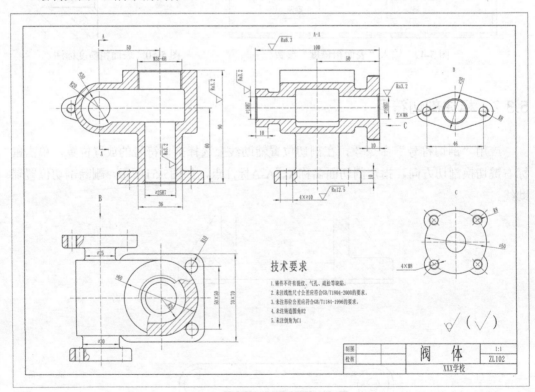

图 5-52 阀体

# 第6章　装配图

装配图用来表达机器或部件的工作原理及各零件之间的装配关系，是企业生产中的重要技术文件。在产品设计或改进原有设备时，一般先根据产品的工作原理绘制装配草图，由装配草图整理成装配图，再根据装配图进行零件设计并绘制零件图。在产品制造过程中装配图是制定装配工艺规程，进行装配、检验的重要技术依据。在机器使用和维修过程中，装配图是操作人员了解机器工作原理及构造的技术文件。

### 1. 视图选择

（1）主视图：选择主视图主要考虑两个因素，其一是机器或部件的工作位置，通常将部件摆放成其工作位置，绘制主视图；其二是部件的特征，其主视图应尽可能多地显示部件的结构特征，特别是能清晰地表达机器或部件的主要装配关系、功能和工作原理，一般选择全剖视图。

（2）其他视图：主要表达机器或部件的装配关系和工作原理，对主视图进行补充表达，其次是表达主要零件的结构形状等，一般采用局剖视图、半剖视图。

### 2. 尺寸标注

（1）基准选择：一般选择机器或部件的底面。

（2）尺寸标注：主要标注部件或机器规格尺寸、装配尺寸、安装尺寸、外形尺寸和其他一些重要尺寸。

### 3. 技术要求

用文字和符号说明机器或部件的质量、装配、调试、检验和使用等方面的要求。

下面通过绘制铣刀头装配图（如图6-1和图6-2所示），学习根据零件图拼画装配图的方法。

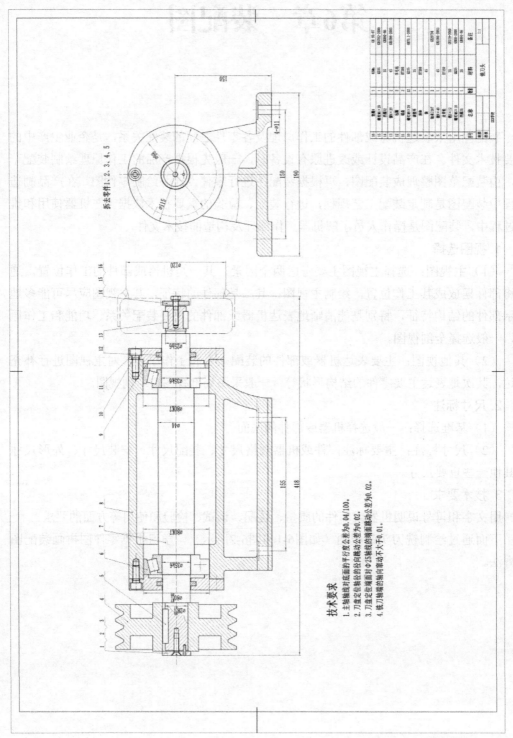

图 6-1　铣刀头装配图

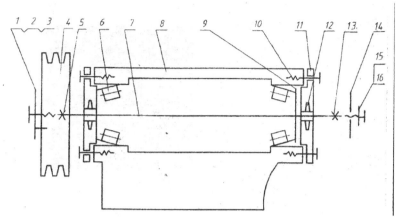

图 6-2　铣刀头装配示意图

# 6.1　设置绘图环境

## 6.1.1　创建文件

双击桌面上的CAXA电子图板2016图标，启动软件，选择"BLANK"模板，当前标准选择"GB"，创建一个新文件。

## 6.1.2　保存文件

单击快速启动工具栏中"保存文档"按钮，保存图形文件并命名为"铣刀头装配图"。

## 6.1.3　图幅设置

单击"图幅"选项卡→"图幅设置"按钮，或下拉"菜单"→"幅面"→"图幅设置"，在"图纸幅面"的下拉列表中选择"A1"图纸幅面，图纸方向选择"横放"，绘图比例为"1：1"，图框选择"A1A-E-Bound（CHS）"，如图6-3所示，设置完成后单击"确定"按钮。

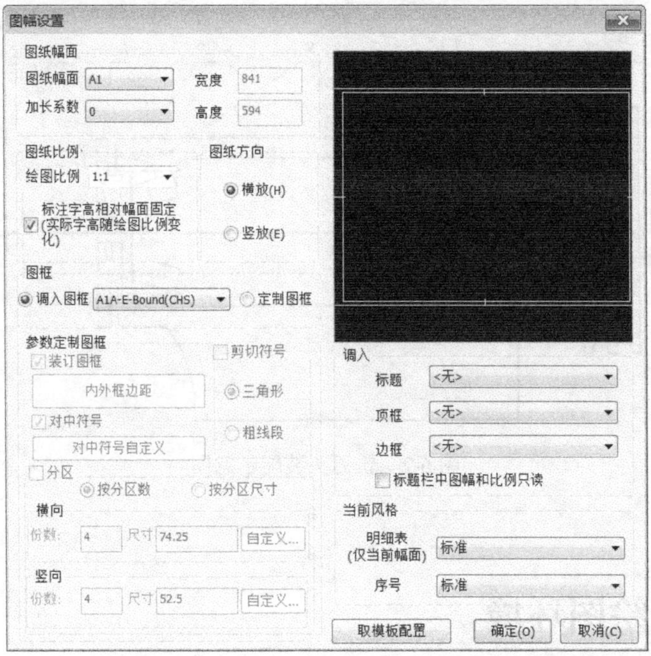

图 6-3 "铣刀头装配图"图幅设置

## 6.1.4 标题栏

**1. 调入标题栏**

单击"图幅"选项卡→"调入标题栏"按钮或下拉"菜单"→"标题栏"→"调入标题栏",选择"School（CHS）",单击"导入"按钮。

**2. 填写标题栏**

单击"图幅"选项卡→"填写标题栏"按钮,或下拉"菜单"→"标题栏"→"填写标题栏",按照图6-4所示的标题栏内容填写,填写完成后,单击"确定"按钮。

图 6-4 填写"铣刀头装配图"标题栏

## 6.2 绘制图形

根据铣刀头装配示意图（图6-2）确定一组视图（包括主视图和左视图），其装配主线为水平方向，装配顺序依次为座体、轴承、调整环、端盖、螺钉、键、带轮、挡圈等。

### 6.2.1 绘制图形基准

选择"中心线图层"为当前图层。

应用"构造线"命令 ✐，确定主视图和左视图的对称面及底面位置，如图6-5所示。

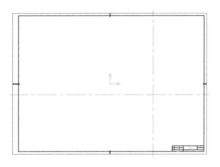

图 6-5 确定图形基准

### 6.2.2 绘制座体

（1）打开"座体.exb"文件，关闭其尺寸线、剖面线和中心线图层，复制其主视图和左视图到"铣刀头装配图.exb"文件中。

（2）应用"移动"命令 ✛ 并捕捉交点，将座体左视图的圆心与基准交点重合。

（3）根据装配图中零件图倒角可省略的要求，去掉座体$C2$倒角，如图6-6所示。

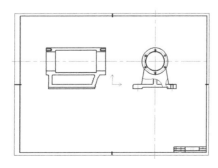

图 6-6 座体轮廓线

### 6.2.3 绘制左侧端盖及轴承

（1）打开"端盖.exb"和"轴承.exb"文件，复制其主视图至"铣刀头装配图.exb"文件中。

（2）修改端盖图线。

应用"尖角"命令□删除端盖C0.5倒角。

（3）装配端盖。

应用"移动"命令✛并捕捉交点，选择如图6-7所示基点将端盖移至座体左上端点处。

（4）修改端盖与座体图线。

根据座体与端盖装配关系，删除端盖及座体中相互遮挡的图线，如图6-8所示。

（5）装配左侧轴承。

应用"移动"命令✛并捕捉端点，选择如图6-9所示基点将轴承移至端盖处，删除轴承与端盖重合多余的图线。

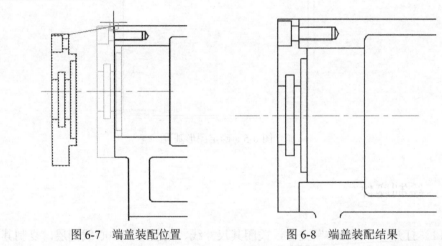

图 6-7  端盖装配位置　　　　　　　　　　图 6-8  端盖装配结果

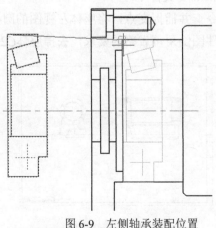

图 6-9  左侧轴承装配位置

## 6.2.4　绘制轴

（1）打开"轴.exb"文件，关闭尺寸线、中心线和剖面线图层，复制其主视图至"铣刀头装配图.exb"文件。

（2）修改轴图线。

在"轴.exb"文件中，限于图纸大小其主视图采用断裂视图，根据断裂部分长度"194 mm"修改其主视图，恢复其实际长度，应用"尖角"命令□删除其C1、C0.5四处倒角，如图6-10所示。

图 6-10　修改后轴图线

（3）装配轴

应用"移动"命令✛并捕捉中点，选择如图6-11所示基点将轴移至轴承处。

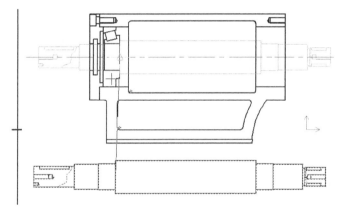

图 6-11　轴装配位置

（4）修改端盖、轴承、座体图线。

根据轴与端盖、轴承、座体的装配关系，应用"裁剪"命令⊬、删除命令✎修改端盖、轴承、座体图线，如图6-12所示。

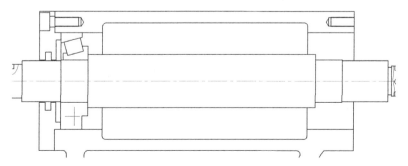

图 6-12　轴装配结果

### 6.2.5 绘制右侧轴承、调整环及端盖

**1. 复制主视图**

打开"轴承.exb""调整环.exb""端盖.exb"文件，关闭尺寸线、中心线和剖面线图层，复制其主视图至"铣刀头装配图.exb"文件。

**2. 右侧轴承**

（1）修改轴承图线。

应用"镜像"命令⚹修改轴承图线，如图6-13所示。

（2）装配右侧轴承。

应用"移动"命令✥并捕捉中点，选择如图6-14所示基点将轴承移至轴肩处。

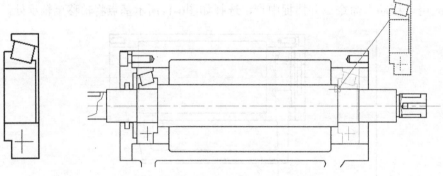

图 6-13 镜像后轴承                    图 6-14 右侧轴承装配位置

（3）修改右侧轴承图线。

根据右侧轴承与轴的装配位置关系，裁剪右侧轴承相应图线，如图6-16所示。

**3. 调整环**

（1）装配调整环。

应用"移动"命令✥并捕捉端点，将基点调整环移至右侧轴承处，如图6-15所示。

（2）修改调整环图线。

根据调整环与轴的装配位置关系，裁剪调整环图线，如图6-18所示。

**4. 右侧端盖**

（1）修改端盖图线。

应用"镜像"命令⚹及"尖角"命令□修改右侧端盖图线。

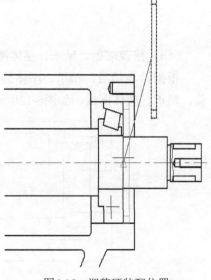

图6-15 调整环装配位置

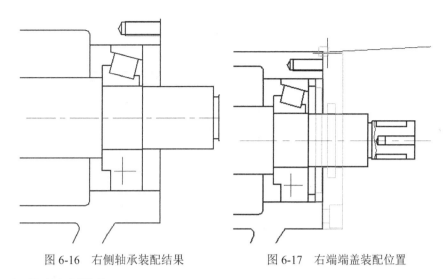

图 6-16　右侧轴承装配结果　　　　图 6-17　右端端盖装配位置

（2）装配右侧端盖。

应用"移动"命令✛并捕捉端点，选择如图6-17所示基点将右侧端盖移至座体右上端点处。

（3）修改右侧端盖、座体图线。

根据右侧端盖与轴的装配位置关系，裁剪右侧图端盖及座体图线，如图6-19所示。

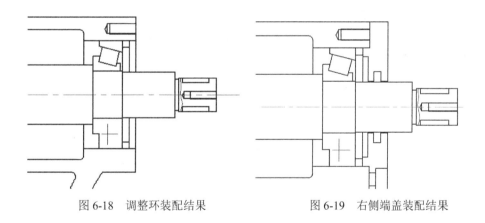

图 6-18　调整环装配结果　　　　图 6-19　右侧端盖装配结果

## 6.2.6　绘制皮带轮

（1）打开"皮带轮.exb"文件，关闭尺寸线、中心线和剖面线图层，复制其主视图至"铣刀头装配图.exb"文件。

（2）修改皮带轮图线。

应用"延伸"命令⊣、"删除"命令◢去除皮带轮C2倒角。

（3）装配皮带轮。

应用"移动"命令✛并捕捉交点，选择如图6-20所示基点将皮带轮移至轴肩处。

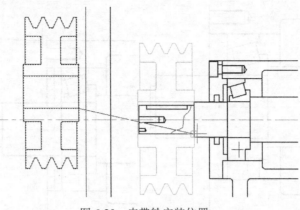

图 6-20　皮带轮安装位置

## 6.2.7　绘制挡圈35、螺钉、销

### 1. 复制主视图

打开"挡圈35.exb"文件，关闭尺寸线、中心线和剖面线图层，复制其主视图至"铣刀头装配图.exb"文件。

### 2. 挡圈35

（1）修改挡圈35图线。

应用"尖角"命令□、"删除"命令♦去除挡圈35的*C*1倒角。

（2）装配挡圈35。

应用"移动"命令✛并捕捉交点，选择如图6-21所示基点将挡圈35移至皮带轮端面处。

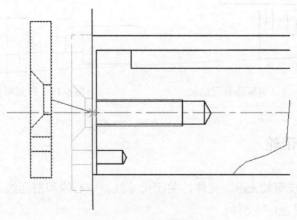

图 6-21　挡圈35装配位置

### 3. 沉头螺钉

（1）提取标准件沉头螺钉图线。

应用"提取图符"命令🖥，根据螺钉标准在其对话框选择"螺钉"→"其他螺

钉"→"GB/T68-2000开槽沉头螺钉"，选择参数M6×20，将标准键螺钉插入图纸中，如图6-22所示。

（2）修改沉头螺钉图线。

根据沉头螺钉外形，应用"分解"命令、"删除"命令、"裁剪"命令修改沉头螺钉图线，如图6-23所示。

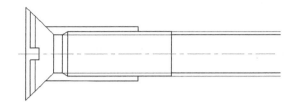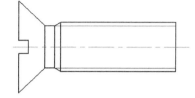

图 6-22　沉头螺钉图线　　　　　　　图 6-23　修改后沉头螺钉图线

（3）装配沉头螺钉。

应用"移动"命令并捕捉交点，选择如图6-24所示基点将沉头螺钉移至挡圈35处。

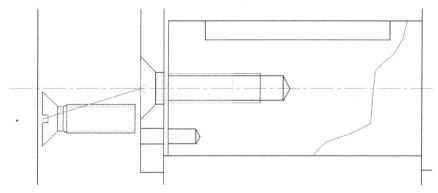

图 6-24　沉头螺钉装配位置

（4）修改挡圈35、轴螺钉孔图线。

根据沉头螺钉与其他零件的装配位置关系，应用"裁剪"命令修改挡圈35、轴螺钉孔的图线，如图6-25所示。

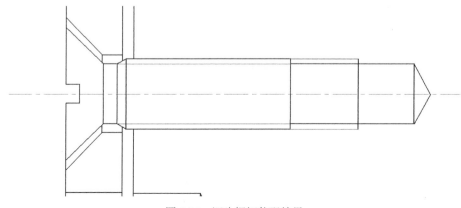

图 6-25　沉头螺钉装配结果

**4. 销**

（1）提取标准件销图线。

应用"提取图符"命令🖳，根据销标准在其对话框选择"销"→"圆柱销"→"GB/T119.1-2000圆柱销"，选择参数3×12，将标准件销插入图纸中。

（2）修改销图线。

应用"尖角"命令□、"删除"命令⬎修改销图线为矩形。

（3）装配销。

应用"移动"命令✛并捕捉交点，将销移至挡圈35处，使销与挡圈35的销孔同轴，如图6-26所示。

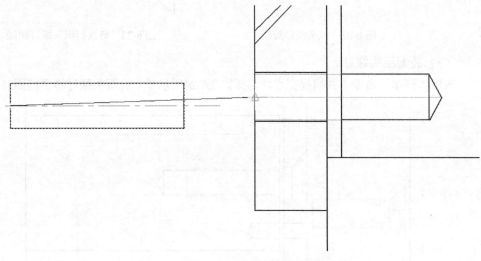

图 6-26　销装配位置

（4）修改挡圈35、轴端图线。

应用"裁剪"命令✂，根据销与其他零件的装配位置关系，修改挡圈35、轴端图线，如图6-27所示。

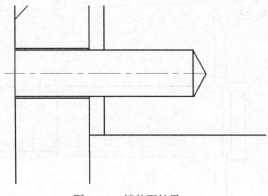

图 6-27　销装配结果

## 6.2.8 绘制键8×40、键6×20、螺钉M8×20

应用"提取图符"命令 🔳 找到"GB/T1096-2003普通型平键-A型""GB/T70.1-2008内六角圆柱头螺钉"图线，应用"尖角"命令 ▢、"删除"命令 ✎ 修改其图线；应用"移动"命令 ✛、"对象捕捉"装配标准件；应用"裁剪"命令 ┼ 修剪轴、端盖的图线，方法同上述螺钉、销，此处不再赘述。

## 6.2.9 绘制刀盘、铣刀

在装配图中，为了表明铣刀头与相邻的刀盘、铣刀的位置关系，可用双点画线画出刀盘和铣刀的轮廓线。

### 1. 创建双点画线图层

应用图层命令新建双点画线图层，修改线型为双点画线，颜色为蓝色。

### 2. 绘制刀盘轮廓线

选择"双点画线图层"为当前图层。

应用"直线"命令 ╱、"圆角"命令 ▱、"镜像"命令 ▲，根据如图6-28所示尺寸参数绘制刀盘轮廓线，结果如图6-29所示。

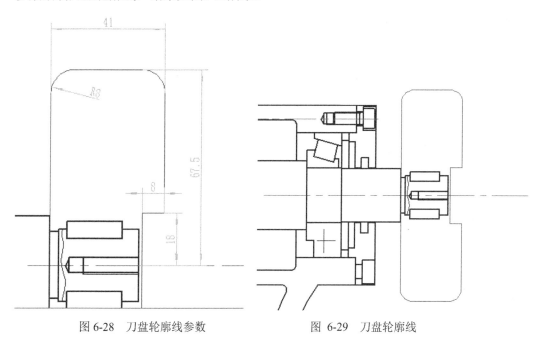

图 6-28　刀盘轮廓线参数　　　　图 6-29　刀盘轮廓线

### 3. 绘制铣刀轮廓线

应用"直线"命令 ╱、"圆角"命令 ▱、"镜像"命令 ▲，根据如图6-30所示尺寸参数绘制铣刀廓线，未标明参数可自拟。

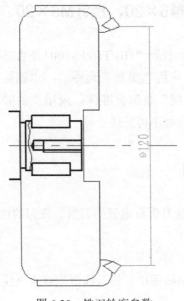

图 6-30    铣刀轮廓参数

## 6.2.10    绘制挡圈32、螺栓M6×20、垫圈6

挡圈32、螺栓M6×60、垫圈6的装配及修改方法与前面所述基本一致，此处不再赘述，绘制结果如图6-31所示。

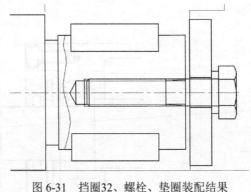

图 6-31    挡圈32、螺栓、垫圈装配结果

## 6.2.11    绘制座体地脚螺栓阶梯孔

在主视图中表达座体地脚螺栓阶梯孔的位置关系，由于主视图选择全剖视图，其阶梯孔看不见，应绘制在虚线图层。

（1）选择"中心线图层"为当前图层。

根据座体零件图确认阶梯孔水平方向距离为155 mm。

应用"直线"命令╱、"偏移"命令▲绘制阶梯孔的中心线，如图6-32所示。

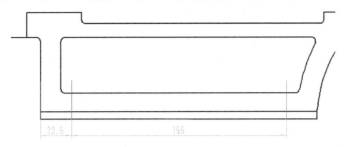

图 6-32　座体阶梯孔位置参数

（2）选择"虚线图层"为当前图层。

应用"直线"命令╱绘制阶梯孔轮廓线，其相关参数参照座体零件图，结果如图6-33所示。

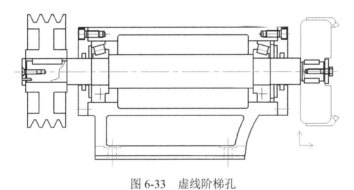

图 6-33　虚线阶梯孔

## 6.2.12　绘制中心线

选择"中心线"图层为当前图层，绘制各零件的中心线，如图6-34所示。

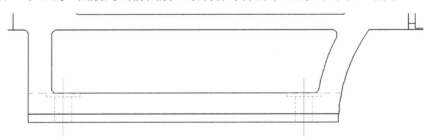

图 6-34　主视图中心线

## 6.2.13　绘制左视图

由于皮带轮将座体主体结构遮挡，为了更好地表达铣刀头的端盖、座体、轴的结构及装配关系，根据基本视图绘制原则，对左视图采用拆卸画法，将挡圈35、螺钉 M6×18、销3×12、皮带轮、键8×40拆卸后绘制左视图，其主要表达的结构是端盖、轴的左视图。

根据"轴.exb"文件中轴的基本尺寸，在"铣刀头装配图.exb"中绘制其左视图。

选择"粗实线图层"为当前图层。

（1）应用"圆"命令⊙，绘制轴Φ28、Φ34圆，绘制端盖Φ35、轴螺纹孔Φ6、Φ5.1（细实线图层，螺纹小径，3/4圆）

（2）应用"偏移"命令⬚，确定销孔位置，偏移距离为10 mm，销孔直径为Φ3。其绘制结果及相关参数如图6-35所示。

图 6-35　轴左视图

（3）应用"删除"命令✎，删除座体倒角在左视图中Φ80、Φ84和6个螺钉孔的图线，如图6-36所示。

（4）应用"圆"命令⊙，绘制端盖阶梯孔Φ15圆。

（5）应用"提取图符"命令⬚，绘制螺钉M8×20（螺钉GB/T70.1-2008）的左视图，与阶梯孔Φ15同心。

（6）应用"构造线"命令✐，绘制其他螺钉位置线，并裁剪其中心线长度至合适位置，如图6-37所示。

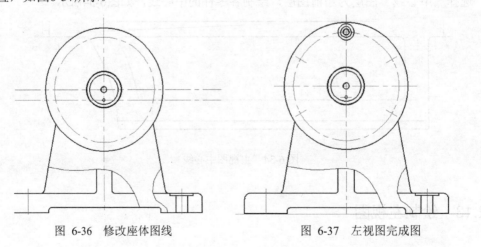

图 6-36　修改座体图线　　　　　　图 6-37　左视图完成图

### 6.2.14 绘制剖面线

应用"剖面线"命令▨绘制铣刀头装配图所有零件的剖面线，注意同一零件在不同剖视图中剖面线的方向一致、间隔一致，而不同零件的剖面线的方向或间隔应区分开，如图6-38所示。

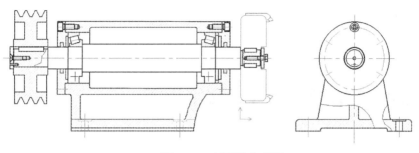

图 6-38 剖面线完成图

# 6.3 标注尺寸

根据机械制图标准，在装配图中需要标注的尺寸包括部件或机器规格尺寸、装配尺寸、安装尺寸、外形尺寸和其他一些重要尺寸。

选择"尺寸线层"为当前图层。

标注前，可根据图形情况，自行调整图形位置。

### 6.3.1 样式设置

文字样式和尺寸样式的设置方法前面章节已作讲解，此处不再赘述。

### 6.3.2 尺寸类型分析

在铣刀头装配图中，包括性能尺寸$\Phi120$、115，装配尺寸$\Phi28H8/k7$、$\Phi35k6$、$\Phi80k7/f6$、$\Phi80K7$，外形尺寸190、418，安装尺寸155、150、4-$\Phi11$，其他尺寸$\Phi44$、$\Phi115$、$\Phi98$。

### 6.3.3 标注尺寸

应用"尺寸标注"命令H，标注这5类尺寸，如图6-39所示。

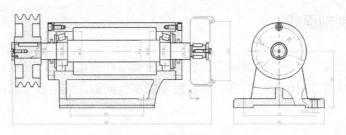

图 6-39　尺寸标注完成图

# 6.4　标注明细栏、序号、文字说明

为了便于装配时读图查找零件，进行生产准备和图样管理，必须对装配图中的零件编写序号，并列出零件的明细栏。

## 6.4.1　设置明细栏（表）样式

应用"明细表样式"命令，设置新的明细栏（表）样式。

表头项目依次分别是序号、名称、数量、材料、备注，其宽度依次分别是8、44、8、38、42，设置所有文本对齐方式为"中间对齐"，其他参数不变，如图6-40所示，将新建的明细栏样式"设为当前"。

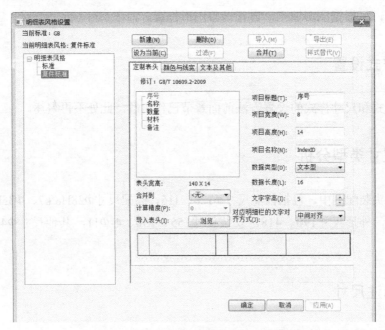

图 6-40　"明细表风格设置"对话框

## 6.4.2 标注序号并填写明细栏（表）

应用"生成序号"命令 ，根据图6-41所示按顺时针顺序标注每个零件序号同时
填写明细表内容，如图6-42所示。

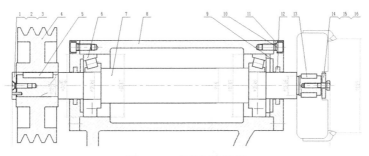

图 6-41 序号标注结果

| 16 | 垫圈6 | 1 | 65Mn | GD 93-87 |
| 15 | 螺栓M6×20 | 1 | Q235 | GB5782-2000 |
| 14 | 挡圈32 | 1 | 35 | GB892-86 |
| 13 | 键6×20 | 2 | 45 | GB1096-2003 |
| 12 | 毡圈 | 2 | 羊毛毡 | |
| 11 | 端盖 | 2 | HT200 | |
| 10 | 螺钉M8×20 | 12 | Q235 | GB70.1-2008 |
| 9 | 调整环 | 1 | 35 | |
| 8 | 座体 | 1 | HT200 | |
| 7 | 轴 | 1 | 45 | |
| 6 | 轴承7307 | 2 | | GB29794 |
| 5 | 键8×40 | 1 | 45 | GB1096-2003 |
| 4 | 皮带轮 | 1 | HT150 | |
| 3 | 销3×12 | 1 | 35 | GB119-2000 |
| 2 | 螺钉M6×18 | 1 | QQ35 | GB68-2000 |
| 1 | 挡圈35 | 1 | 35 | GB891-86 |
| 序号 | 名称 | 数量 | 材料 | 备注 |

图 6-42 明细表填写完成

单击"生成序号"命令 ，在挡圈35内合适的位置单击确定序号基点，在命令栏
弹出序号设置内容，其设置参数如图6-43所示，在空白处单击确定序号1的位置。系统自
动弹出填写明细表对话框，填写完毕后确认即可。

1.序号= 1    2.数量 1    3.水平 ▼ 4.由内向外 ▼ 5.显示明细表 ▼ 6.填写 ▼ 7.单折 ▼

图 6-43 序号标注参数设置

若零件小不易区分，可在单击上一个序号的指引线，系统自动进入序号2、3生成过
程中，标注结果如图6-44所示。

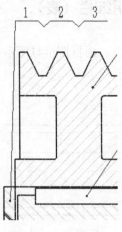

图 6-44　序号标注

### 6.4.3　文字说明

应用"文字"命令 **A**，完成左视图拆卸画法文字说明"拆去零件1、2、3、4、5"，字体大小为7。

## 6.5　标注技术要求

由于在技术要求库找不到针对铣刀头的装配要求，应用"文字"命令 **A**，完成其技术要求，其中"技术要求"字体大小为10，其余为7。

## 6.6　保存图形文件

应用"保存"命令🖫，保存如图6-1所示的铣刀头装配图，结束任务。

## 6.7　图形练习

根据虎钳零件图绘制其装配图（图6-45）。

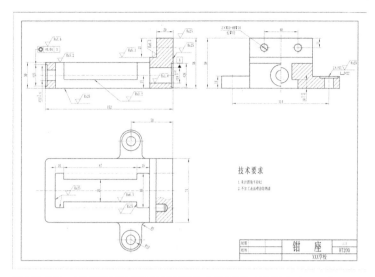

技术要求

1. 未注圆角 $R$ 约 $R2$
2. 不加工表面喷涂防锈漆

钳　座 1:1 HT200

XXX学校

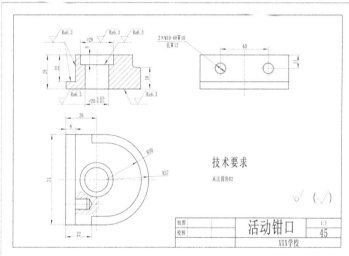

技术要求

未注圆角R2

活动钳口 1:1 45

XXX学校

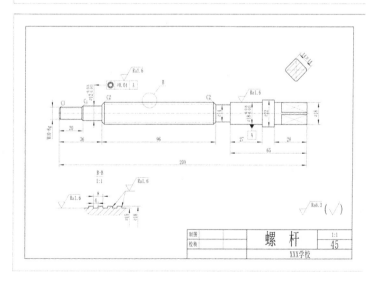

螺　杆 1:1 45

XXX学校

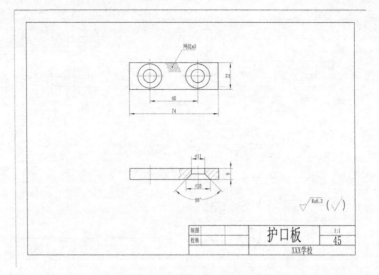

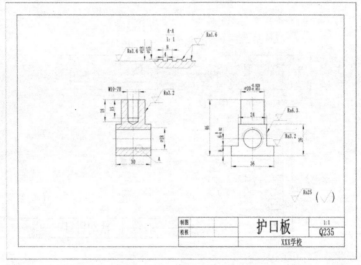

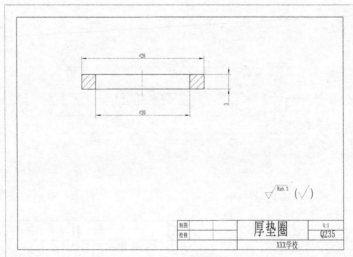

图 6-45 虎钳装配图

# 第7章 拆画泵体零件图

在设计过程中，往往需要经由装配图拆画零件图，简称拆图。拆图必须在全面看懂装配图的基础上，按照零件图的内容和要求拆画零件图。拆画是产品设计加工的重要手段。

在拆画零件图前，必须认真识读装配图，全面了解设计意图，弄清楚工作原理、装配关系、技术要求和每个零件的结构形状。在拆画零件图时，不仅要考虑零件的作用和要求，还要考虑零件的制作和装配要求，使其满足设计和工艺要求。

下面以拆画齿轮泵泵体为实例，讲解根据装配图拆画零件图的一般过程。

# 7.1 设置绘图环境

## 7.1.1 创建文件

双击桌面上的CAXA电子图板2016图标，启动软件，选择"BLANK"模板，当前标准选择"GB"，创建一个新文件。

## 7.1.2 保存文件

单击快速启动工具栏中"保存文档"按钮，保存图形文件并命名为"泵体"。

## 7.1.3 图幅设置

单击"图幅"选项卡→"图幅设置"按钮，或下拉"菜单"→"幅面"→"图幅设置"，在"图纸幅面"的下拉列表选择"A2"图纸幅面，图纸方向选择"横放"，绘图比例为"1∶1"，图框选择"A2A-E-Bound（CHS）"，设置完成后单击"确定"按钮。

### 7.1.4 标题栏

**1. 调入标题栏**

单击"图幅"选项卡→"调入标题栏"按钮🔲或下拉"菜单"→"标题栏"→"调入标题栏"，选择"GB-A（CHS）"，单击"导入"按钮。

**2. 填写标题栏**

单击"图幅"选项卡→"填写标题栏"按钮🔲，或下拉"菜单"→"标题栏"→"填写标题栏"，参照前述案例的标题栏内容填写，填写完成后，单击"确定"按钮。

# 7.2 绘制图形

齿轮泵装配图的主视图（图7-1）采用沿主、被动轴这个主装配干线作局部视图，将齿轮之间的啮合情况和各零件之间的装配关系表示得比较清楚，同时也符合其工作位置。左视图（图7-2）采用沿泵体和泵盖之间的结合面作半剖，一般表达泵体外形与泵盖之间的连接形式，另一半在吸油口处作局剖，进一步清楚地表达泵的工作原理和零件的结构形状。

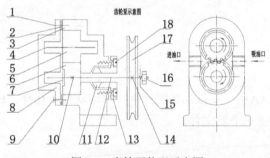

图 7-1 齿轮泵装配示意图

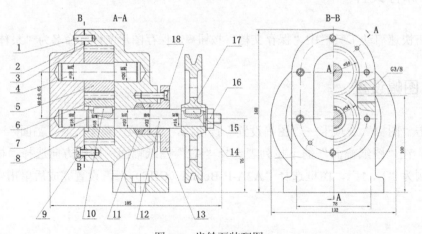

图 7-2 齿轮泵装配图

## 7.2.1 绘制基本图形

（1）打开"齿轮泵装配图.exb"，关闭其剖面线、尺寸线、序号图层，将所有轮廓线复制至"泵体.exb"。

（2）删除其他零件轮廓线。

应用"删除"命令✎、"裁剪"命令⊢、"直线"命令╱，将主视图及左视图中其他零件的轮廓线、中心线删除，只保留原装配图中对泵体结构的表达，并对其进行初步修改，如图7-3所示。

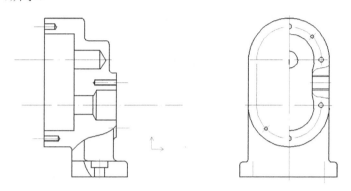

图 7-3　泵体初步轮廓线

## 7.2.2 完善基本图形

根据齿轮泵装配图可知，左侧视图为右侧视图的旋转剖视图。为了更好地表达泵体的结构，将旋转剖切线进行修改，则旋转剖视图上侧为螺钉孔、下侧为销孔。根据机械制图视图投影法则"高平齐"和泵体的对称性，对泵体轮廓线进行修改完善，如图7-4所示。

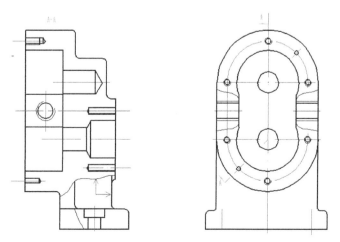

图 7-4　完善泵体轮廓线

### 7.2.3 绘制向视图

齿轮泵装配图主要表达各零件间的装配关系，对零件形状表达得往往不够全面和清楚，结合装配图中已有的泵体的结构表达，将原装配图中的右侧视图确定为主视图，需要添加向视图全剖视图将泵体结构表达完成。

在拆画零件图过程中，对形状不能确定的部分要根据零件的功用和结构常识确定。通过向视图，根据视图投影法则"高平齐"将泵体与轴、压盖装配部分表达清楚。

**1. 绘制外轮廓线**

根据投影关系复制主视图轮廓线作为向视图B的外轮廓线，如图7-5所示。

**2. 绘制内轮廓线**

根据投影法则及结构常识确定向视图B内轮廓线，如图7-6所示。

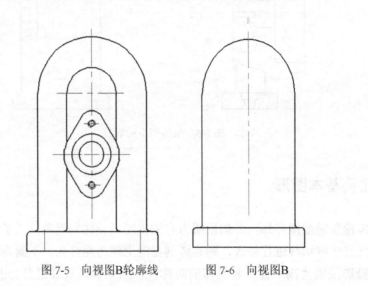

图 7-5　向视图B轮廓线　　　　图 7-6　向视图B

### 7.2.4 绘制C-C剖视图

在向视图B上在C处进行全剖视图，表达泵体结构，参考A-A视图及向视图B并根据投影法则完成C-C剖视图，如图7-7所示。

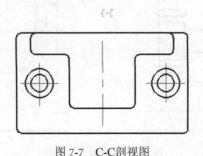

图 7-7　C-C剖视图

## 7.2.5　填充剖面线

选择"尺寸线"图层为当前图层。

应用"剖面线"命令◪对各视图进行剖面线填充，如图7-8所示。

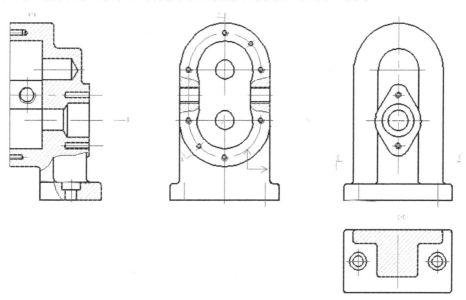

图 7-8　剖面线完成图

# 7.3　标注尺寸

## 7.3.1　标注基本尺寸

从以下四个方面确定泵体尺寸：第一，装配图上确定的尺寸；第二，相配合零件的配合尺寸、标准件尺寸；第三，装配图上量取；第四，根据公式计算。

选择"尺寸线"图层为当前图层，根据机械制图尺寸标注规范，标注所有尺寸，如图7-9所示。

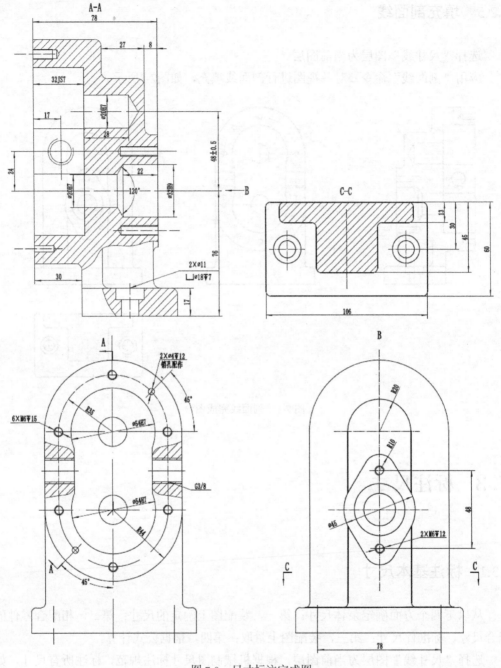

图7-9　尺寸标注完成图

## 7.3.2　标注"表面粗糙度"

标注"表面粗糙度"主要考虑其他类似零件的粗糙度、配合精度、加工工艺三个方面，应用"粗糙度"命令√完成标注。

# 7.4  标注技术要求

技术要求在零件图中占有重要地位，直接影响零件的加工质量，由于涉及许多专业知识，一般借鉴同类型零件图的技术要求。

# 7.5  保存图形文件

应用"保存"命令，保存如图7-10所示的拆画齿轮泵泵体零件图，结束任务。

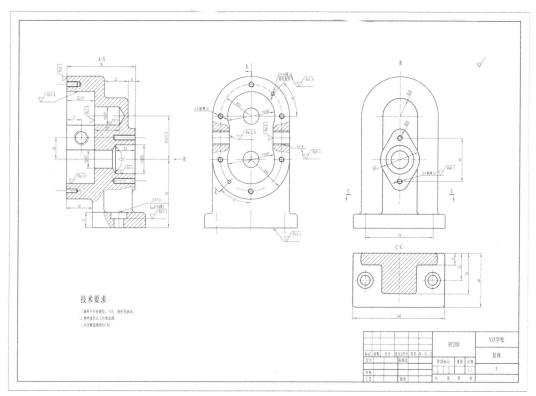

图 7-10  泵体

# 7.6　图形练习

根据回油阀装配图拆画其阀体零件图（图7-11）。

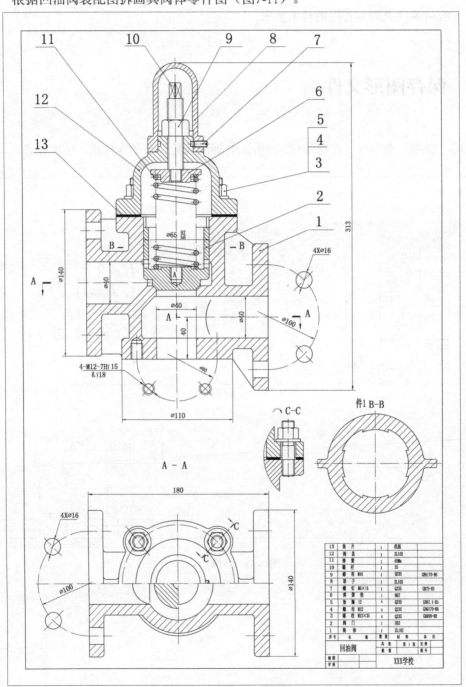

图 7-11　回油阀装配图

| 13 | 垫 片 | 1 | 纸板 | |
| 12 | 阀 盖 | 1 | ZL102 | |
| 11 | 弹 簧 | 1 | 65Mn | |
| 10 | 顶 杆 | 1 | 35 | |
| 9 | 螺 母 M16 | 1 | Q235 | GB6170-86 |
| 8 | 罩 子 | 1 | ZL102 | |
| 7 | 螺 钉 M6×16 | 1 | Q235 | GB75-85 |
| 6 | 柱 塞 | 1 | H62 | |
| 5 | 垫 圈 12 | 4 | Q235 | GB97.1-85 |
| 4 | 螺 母 M12 | 4 | Q235 | GB6170-86 |
| 3 | 螺 柱 M12×35 | 4 | Q235 | GB899-88 |
| 2 | 阀 门 | 1 | H62 | |
| 1 | 阀 体 | 1 | ZL102 | |
| 序号 | 名 称 | 数量 | 材 料 | 备 注 |

| | | 回油阀 | | 共 张 | 第 张 | 比例 | |
| 制图 | | | | 数量 | | 图号 | |
| 审核 | | | | XXX学校 | | | |

# 参考文献

[1] 王静.新标准机械图图集[M].北京:机械工业出版社,2014.
[2] 丁茹,李丽丽.工程制图AutoCAD实训教程[M].北京:北京邮电大学出版社,2011.

# 读书笔记